Giftpflanzen

Was Pferde nicht fressen dürfen

Marina und Uwe Lochstampfer

CADMOS

Haftungsausschluss
Autoren und Verlag haben den Inhalt dieses Buches nach bestem Wissen und Gewissen zusammengestellt. Die Autoren und der Verleger haften nicht für eventuelle Schäden an Mensch und Tier, die als Folge von Handlungen und/oder gefassten Beschlüssen aufgrund der gegebenen Informationen bestehen.

Impressum:

Gestaltung und Satz: Hantsch & Jesch PrePress Services OG, Wien
Lektorat: Maren Müller
Fachliche Beratung zum Kapitel über Weidepflege: Monika Junius Dipl.-Ing. (FH) agr.
Coverfoto und Fotos im Innenteil: Uwe Lochstampfer, sofern nicht anders angegeben

Druck: Westermann Druck, Zwickau

Deutsche Nationalbibliothek – CIP-Einheitsaufnahme
Die Deutsche Nationalbibliothek verzeichnet diese Publikation in der Deutschen Nationalbibliografie; detaillierte bibliografische Daten sind im Internet über http://dnb.ddb.de abrufbar.

Printed in Germany

ISBN: 978-3-8404-1032-1

Inhalt

Einleitung

Giftpflanzen findet man überall in der Natur, als Baum oder Strauch, als schöne Blume oder als unscheinbare Krautpflanze. Auch sehr viele Gartenblumen sind giftig, bisweilen sogar tödlich giftig. Pferde können sich nicht nur beim Ausritt vergiften, auf der Weide kann ebenso Gefahr lauern, und sogar auf dem Reitplatz, wenn für die Umzäunung giftige Holzteile verwendet wurden. Auf Turnieren, Shows und Pferdemessen ist ebenfalls Vorsicht geboten, denn nicht selten werden dort giftige Pflanzen wie Buchsbaum oder Oleander als Dekoration aufgestellt. Und nicht zuletzt können Vergiftungen auch durch das Fressen von im Heu enthaltenen Giftpflanzen hervorgerufen werden. Viele Pflanzen behalten auch nach dem Trocknen noch ihre Giftwirkung, verlieren aber häufig ihren typischen, mitunter auch bitteren Geschmack, sodass sie von Pferden nicht mehr als ungenießbar erkannt werden.

Mittlerweile breiten sich verschiedene Pflanzenarten, die für Pferde eine Gefahr darstellen, immer weiter aus, darunter das Jakobskreuzkraut, das Schmalblättrige Kreuzkraut und auch die Herkulesstaude. Es ist damit zu rechnen, dass diese Giftpflanzen durch die zu erwartenden Klimaveränderungen noch günstigere Bedingungen vorfinden und deshalb mehr und mehr Raum einnehmen werden.

Pferde sind sehr wertvolle Tiere, und wir Pferdehalter haben die Verantwortung für ihre Gesundheit und artgerechte Haltung übernommen. Kenntnisse über giftige Pflanzen und darüber, wie man Pferde vor dieser Gefahr schützt, spielen dabei eine wichtige Rolle. Dieses Buch bietet die Möglichkeit, vorhandenes Wissen aufzufrischen und Wissenslücken zu schließen.

Für jede Giftpflanze beschreiben wir hier das Aussehen, das Vorkommen, die Giftwirkung und, soweit bekannt, die für Pferde gefährliche Menge. Dabei verwenden wir für die Pflanzennamen die konventionelle und Ihnen wahrscheinlich vertrautere Schreibweise und nicht die botanische. So schreiben wir zum Beispiel Bärlauch statt botanisch korrekt Bär-Lauch und Jakobskreuzkraut statt Jakobs-Kreuzkraut.

Die krautigen Giftpflanzen sind nach ihren auffälligsten Merkmalen geordnet: der Blütenfarbe und der Anzahl der Blütenblätter. Bäume und Sträucher blühen zwar ebenfalls, das ist jedoch nicht bei allen das Hauptmerkmal, deshalb sind sie im Anschluss an die Krautpflanzen nach Giftigkeitsgrad geordnet verzeichnet. Da es außerdem viele giftige Früchte gibt und die Frucht bekanntermaßen nach der Blüte kommt, gibt es zusätzlich einen Bestimmungsschlüssel für Früchte.

Foto: Dr. Richard Maurer

Giftpflanzen finden sich überall, auch am Wegrand. Von den überhängenden Robinienzweigen sollte das Fohlen besser nicht fressen.

Pferde und Giftpflanzen

Foto: Dr. Richard Maurer

Jakobskreuzkraut gehört nicht auf Pferdeweiden! Sich darauf zu verlassen, dass es „schon nicht gefressen wird", kann schlimme Folgen haben.

Man könnte meinen, und in der Tat ist diese Ansicht weit verbreitet, dass ihr natürlicher Instinkt Pferde vor der Aufnahme giftiger Pflanzen schützt. Das gilt jedoch nur für Wildpferde. Aufgrund ihrer genetischen Veranlagung meiden sie Giftpflanzen instinktiv. Umgekehrt ist auch zu beobachten, dass Pferde gezielt bestimmte Kräuter fressen, die sie zur Heilung von Krankheiten benötigen. Bei unseren (teils über Jahrhunderte) von Menschen gezüchteten und domestizierten Pferderassen kann man leider nicht davon ausgehen, dass diese Instinkte noch voll vorhanden sind. Zudem besteht gerade bei Pferden, die in Boxen gehalten werden und nicht oder nur selten auf die Weide kommen, ein großes Verlangen nach Frischfutter. Diese Pferde stürzen sich oft auf alles Grüne und unterscheiden dabei nicht mehr zwischen giftigen und ungiftigen Pflanzen. Neugierde und Langeweile sind ebenfalls wichtige Faktoren. Viele Pferde erkunden für sie Interessantes wie beispielsweise rote Beeren – von denen viele giftig sind – durch Beknabbern. Und wenn Pferde ihre Zeit auf abgegrasten und trittgeschädigten Weiden verbringen, verleiten Beschäftigungsdrang und mangelndes Futterangebot nicht selten zur Aufnahme von giftigen Pflanzenteilen. Ein weiteres Problem ist, dass in Deutschland mittlerweile viele Pflanzen verbreitet sind, die hier ursprünglich nicht vorkommen – entweder als Zierpflanzen in Gärten und Grünanlagen (zum Beispiel Engelstrompete, Rhododendron, Oleander und Rizinus) oder wild wachsend (zum Beispiel Herkulesstaude und Schmalblättriges Kreuzkraut). Frau Dr. med. vet. Beatrice Dülffer-Schneitzer stellt in ihrem bereits 2005 erschienenen Buch „Pferde und Giftpflanzen" fest, dass die Gefahr durch Vergiftung mit nicht heimischen Pflanzen immer weiter zunimmt. Nicht zuletzt birgt Heu von Wiesen mit giftigen Pflanzen eine nicht zu unterschätzende Gefahr, denn durch die Trocknung verlieren die meisten Pflanzen, darunter auch Jakobskreuzkraut, Steinklee und Herbstzeitlose, nicht ihre Giftigkeit, verändern allerdings ihren Geschmack, sodass sie von Pferden eher aufgenommen werden.

Foto: Dr. Richard Maurer

Pferde sind neugierig und erkunden für sie Interessantes oft durch Beknabbern – hier ist es nur ein ungiftiger Tannenzweig.

Mit der Nahrung aufgenommene Giftstoffe werden von Menschen und auch von den meisten Tieren normalerweise reflektorisch erbrochen, was die Giftmenge, mit der sich der Körper tatsächlich auseinandersetzen muss, deutlich verringert. Das ist bei Pferden aufgrund einer anatomischen Besonderheit nicht möglich. Ein kräftiger Schließmuskel zwischen Magen und Speiseröhre verhindert in aller Regel, dass einmal aufgenommenes Futter den Rückwärtsgang einschlägt. Die einzige

Möglichkeit, mit der Pferdehalter ihre Pferde wirksam vor Vergiftungen schützen können, ist also, sich ausreichend Wissen über Giftpflanzen anzueignen und die Aufnahme giftiger Pflanzenteile, ob frisch oder getrocknet, zu verhindern. Dabei ist es nicht nur wichtig, darauf zu achten, was auf oder an den Weiden wächst, sondern auch, welche Krautpflanzen, Bäume oder Sträucher, oft als Zierpflanzen, auf Reiterhöfen, Reitplätzen oder Paddocks wachsen. Es ist keine kluge Idee, Kirschlorbeer, Sadebaum, Buchen, Eichen oder Kastanien dort zu pflanzen, wo Pferde von ihnen fressen können.

Uns erreichte eine E-Mail, in der uns eine Pferdebesitzerin mitteilte, dass ihr Pferd nach dem Verzehr von Schierlingspflanzenteilen verendete, obwohl die Pflanze schon jahrelang längs der Weide wuchs. Das zeigt, wie wichtig es ist, Pferde von Giftpflanzen fernzuhalten, und sich nicht darauf zu verlassen, dass sie diese „schon nicht fressen werden".

Rotbuchen gehören in Wälder und nicht auf Pferdeweiden.

Gift ist nicht gleich Gift

Zunächst einmal ist es wichtig zu wissen, dass ein bestimmter Stoff nicht für jedes Lebewesen giftig sein muss. So gibt es viele Pflanzen, wie etwa Gundermann, Bärlauch und Goldhafer, die Menschen nicht, Pferden aber durchaus schaden können. Andere Pflanzen sind für Menschen und Pferde gleichermaßen giftig, zum Beispiel Eibe, Goldregen oder Schierling. Generell lässt sich noch sagen, dass Pferde auf pflanzliche Giftstoffe deutlich empfindlicher reagieren als andere Tierarten wie Schafe, Ziegen oder Schweine.

Wir beschreiben in diesem Buch für Pferde giftige Pflanzen, doch auch hier gibt es große Unterschiede in der Wirkung auf den Organismus. Erst einmal kommt es natürlich darauf an, um welchen Giftstoff es sich handelt. Es gibt Gifte, die in sehr geringer Dosierung tödlich wirken, während andere Gifte bei gleicher aufgenommener Menge noch keinerlei Symptome hervorrufen. Manche Giftpflanzen können sogar in relativ großen Mengen aufgenommen werden, ohne dass der Körper eine Reaktion zeigt. Wir müssen also zwischen stark giftigen, giftigen und weniger giftigen Pflanzen unterscheiden. Es ist auch möglich, dass sich Giftstoffe im Organismus anreichern und erst dann wirken, wenn „das Fass voll ist". Dies geschieht bei den Kreuzkräutern. Die Abbauprodukte der Giftstoffe lagern sich in der Leber an und töten das Pferd nach erreichter Wirkstoffkonzentration.

Aber nicht nur die chemischen Verbindungen an sich spielen für die Schwere der Vergiftung eine Rolle. Entscheidend ist auch der Gehalt an Giftstoffen, die in der jeweiligen

Pflanze beziehungsweise im jeweiligen Pflanzenteil enthalten sind. Viele Pflanzen weisen abhängig von Standort, Jahres- oder Tageszeit sowie Alter oder Entwicklungsstufe einen unterschiedlichen Wirkstoffgehalt auf. Der Rote Fingerhut enthält zum Beispiel abends zehnmal mehr Gift als am Morgen. Es gibt sogar sogenannte chemische Rassen unter den einzelnen Pflanzenarten, das heißt, bei derselben Pflanzenart kann der Gehalt an Wirkstoffen aufgrund von genetischer Veranlagung bei einer Pflanze höher sein als bei einer anderen. Zudem ist die Konzentration der Giftstoffe oft nicht in allen Pflanzenteilen gleich. So sind beim Pfaffenhütchen zwar auch alle Pflanzenteile giftig, aber in den Samen findet man die höchste Konzentration.

Nicht zu vergessen ist, dass auch die individuelle Konstitution des Pferdes über die Schwere einer Vergiftung entscheidet. Es gibt Pferdetypen, die Giftstoffe durch Durchfall relativ schnell wieder ausscheiden, während andere durch Unruhe und damit vermehrte Bewegung die Verteilung des Gifts im gesamten Körper beschleunigen. Auf den Gesundheitszustand kommt es ebenfalls an. So wird der Organismus eines bereits gesundheitlich angeschlagenen Pferdes auf Gifte empfindlicher reagieren als der eines topfitten Pferdes. Und nicht zuletzt spielt das Gewicht der Tiere eine Rolle: Ein Pony oder ein Kleinpferd ist bei Aufnahme der gleichen Menge giftiger Pflanzenteile stärker gefährdet als ein schweres Großpferd.

Diese „Weide“ ist ein mehr als deutliches Negativbeispiel. Die im Hintergrund wachsende Herkulesstaude kann starke Entzündungen auf Haut und Schleimhäuten verursachen.

Vergiftungssymptome

Eine Vergiftung kann sich auf ganz unterschiedliche Weise äußern. Im Folgenden möchten wir mögliche Symptome nennen, die allerdings nicht zwangsläufig auf eine Vergiftung zurückzuführen sein müssen. So kann Durchfall Anzeichen für eine Vergiftung sein, aber auch durch Gabe von Raufutter mit zu geringem Rohfaseranteil, Infektionen, fauliges Wasser oder durch psychische Belastungen hervorgerufen werden. Symptome, die besonders häufig auf eine Vergiftung hindeuten, haben wir farbig gekennzeichnet.

Wichtig ist noch, daran zu denken, dass Vergiftungsanzeichen nicht immer direkt nach Aufnahme des Giftstoffes auftreten. Je nach Art des Giftes können Stunden, Tage oder sogar Monate vergehen.

Erste Symptome einer Vergiftung können sein:

- Speichelfluss
- Schluckbeschwerden
- Durst
- **Schweißausbrüche**
- **Unruhe**
- Erregung
- Erweiterte Pupillen
- Erhöhte oder zu niedrige Körpertemperatur

Weitere mögliche Symptome sind:

- Koliken, vor allem **krampfartige Koliken**
- **Durchfall**
- **Verstopfung**
- Blut im Kot
- Atemprobleme, veränderte Atmung
- Husten
- Schwacher Puls
- Kreislaufschwäche
- **Schneller und/oder unregelmäßiger Herzschlag, Herzklopfen**
- **Verminderte Herzfrequenz**
- Muskelschwäche – **Taumeln, Lähmungen**
- Gelbe Schleimhäute
- Verfärbter Harn
- Schaum am Maul
- Schleimausfluss
- Hautveränderungen – Ödeme
- Fotosensibilisierung (Rötung, Schwellung der Haut)
- Schiefhals
- Hufrehe
- Fruchtbarkeitsstörungen
- Abort
- Apathie
- Koma
- Tod

Was tun im Fall einer Vergiftung?

Grundsätzlich gilt: Keine Panik! Verständigen Sie sofort Ihren Tierarzt. Wichtige Informationen für ihn sind: Wie verhält sich das Pferd? Welche für Sie erkennbaren Symptome zeigt es oder hat es bereits gezeigt? Und, sofern Sie das wissen: Welche Pflanze wurde gefressen und welche Teile davon? Wie viel wurde von der Pflanze gefressen? Wann wurde die Pflanze gefressen?

Sind Pflanzenteile übrig, heben Sie diese auf. Tragen Sie dazu Handschuhe, denn wie bereits gesagt, sind einige Pflanzen auch für Menschen schädlich.

Bis zum Eintreffen des Tierarztes können Sie durchaus Erste Hilfe leisten:

- Verhindern Sie unbedingt die Aufnahme weiterer Pflanzen/Pflanzenteile.
- Sorgen Sie dafür, dass das Tier sich so wenig wie möglich bewegt. Hat Ihr Pferd beim Ausritt Giftpflanzen aufgenommen, lassen Sie es am besten mit dem Hänger abholen.

- Bringen Sie das Pferd an einem kühlen Ort unter (im Schatten).
- Spülen Sie Maul und Nüstern aus, zum Beispiel mit dem Wasserschlauch.
- Lauwarmer Haferschleim ummantelt die Pflanzen im Magen und kann die Abgabe von Giftstoffen einschränken.
- Verabreichen Sie medizinische Kohle (Aktivkohle), um die Giftstoffe zu binden. Ein erwachsenes Pferd kann abhängig von Größe und Gewicht bis zu 750 Gramm bekommen, ein junges Tier bis zu 250 Gramm. Am besten löst man 100 Gramm in einem Liter Wasser oder besser noch in Kräutertee auf.
- Pferde dürfen im Vergiftungsfall nichts mehr fressen, aber sie müssen viel trinken. Süßen Sie das Wasser mit Traubenzucker oder mit Honig, falls das Pferd das Trinken verweigert.
- Kann das Tier schlecht atmen, legen Sie feuchte Tücher um den Brustkorb.
- Bei Koliken verschaffen warme Bauchwickel Linderung.
- Bei Fieber können Sie das Pferd mit kalten Beinwickeln abkühlen, die alle 20 Minuten gewechselt werden.
- Im Fall von Untertemperatur sollten Sie das Pferd eindecken. Falls vorhanden, empfiehlt sich der Einsatz von Wärmelampen.

Aktivkohle zu füttern ist eine sinnvolle Erste-Hilfe-Maßnahme im Fall einer Vergiftung.

Ungeeignetes Futter

Nicht jedes Futter, das Pferden Schaden zufügen kann, ist tatsächlich als Giftpflanze einzustufen. An dieser Stelle wollen wir der Vollständigkeit halber pflanzliche Futtermittel aufführen, die nicht oder nur nach entsprechender Vorbereitung in den Trog eines Pferdes gehören.

Kohl: Führt zu Blähungen.

Zwiebeln: Bei Verfütterung größerer Mengen über einen längeren Zeitraum (vermutlich ab 3 Kilo pro Tag) kann es unter anderem zu Blutarmut kommen. Im Grund besteht jedoch keine Gefahr, denn wohl niemand wird seinem Pferd so viele Zwiebeln zu fressen geben.

Rohe Bohnen: Giftige Eiweißverbindungen führen unter anderem zu schwerem und oft blutigem Durchfall.

Kartoffeln: Rohe Kartoffeln, insbesondere gekeimte Kartoffeln sowie Knollen mit grünen Stellen, führen zu Magen- und Darmkrämpfen. Auch das Kraut der Kartoffel wirkt giftig.

Steinobst: Kirschen, Pflaumen, Mirabellen und anderes Steinobst enthalten einen Stein, der teils zu schweren Koliken und zu Verstopfung führen kann, wenn er von den Tieren mitgefressen wird. Entfernt man die Steine, können die Früchte verfüttert werden, aber bitte nur in geringen Mengen.

Weizen: Weizen kann für Pferde tödlich sein. Der hohe Kleberanteil verklebt den Magen regelrecht, der in der Folge einreißen kann.

Leinsamen: Im Ganzen ist er wegen seiner festen Schale unverdaulich und muss daher vor dem Verfüttern unbedingt gequetscht oder geschrotet werden. Auch sollte man pro Tag nicht mehr als 50 bis 80 Gramm Leinsamen geben, da es sonst zu Blausäurevergiftungen kommen kann. Kochen zerstört die Giftstoffe, weshalb es ratsam ist, geschroteten Leinsamen 10 Minuten aufzukochen. Der Schleim ist ein gutes Mittel bei Magen und Darmerkrankungen. Leinöl ist unbedenklich.

Brot: Verfüttert werden sollte, wenn überhaupt, nur gut getrocknetes und nicht verschimmeltes Brot, am besten altes Vollkornbrot, und auch das nur in geringen Mengen, weil sonst eine Schlundverstopfung droht.

Raufutter: Auch das wichtigste Futtermittel für Pferde kann schädlich sein, nämlich dann, wenn sich darin Schimmelpilze oder Bakteriengifte befinden. Vergammeltes Raufutter bringt ein Pferd zwar nicht zwingend um, doch kann es zu Magen-Darm-Beschwerden mit Krämpfen führen. Es muss daher unbedingt entfernt werden, selbst wenn es sich nur um eine geringe Menge handelt. Dasselbe gilt für Futter, in dem ein totes Tier gefunden wurde. Durch den Verwesungsprozess kann das giftige Botulinumtoxin entstehen, das eingeatmet und durch die Nahrung aufgenommen werden kann. Die Folge wären Nervenschäden und Lähmungen. Wichtig ist generell, am Raufutter nicht zu sparen! Bei ausreichendem Futterangebot fressen Pferde instinktiv nichts Verschimmeltes. Ist das Angebot jedoch knapp, sind sie deutlich weniger wählerisch, denn sie müssen ihr Kaubedürfnis stillen.

Zucker, Süßigkeiten und Salzgebäck: All das entspricht in keiner Weise der natürlichen Ernährung von Pferden und kann Magenbeschwerden auslösen.

Rübenschnitzel: Sie sind ein beliebter Energielieferant im Winter, und dagegen spricht auch nichts, sofern sie über Nacht gut eingeweicht werden. (Achtung, die so entstandene Masse darf nicht in gefrorenem Zustand verfüttert werden!) Getrocknete Rübenschnitzel können zu Schlundverstopfungen führen – Erstickungsgefahr!

Vergiftungen verhindern

Mit einigen Vorsichtsmaßnahmen lassen sich sehr viele Vergiftungen wirksam verhindern. Weiden sollten daher regelmäßig auf Giftpflanzen kontrolliert werden. Dabei sind auch die Ränder außerhalb des Zaunes nicht zu vergessen, denn Pferde stecken schon mal den Kopf nach draußen – schließlich könnte das Gras auf der anderen Seite besser schmecken. Eine weitere Gefahr stellen Spaziergänger dar, die aus Unwissenheit in der Nähe der Weide wachsende Pflanzen abreißen und an die Pferde verfüttern. Hier können entsprechende Hinweisschilder helfen, die gut sichtbar am Weidezaun aufgehängt werden.

Wachsen an der Weide giftige Sträucher wie zum Beispiel Faulbaum, Lebensbaum, Pfaffenhütchen oder Goldregen, sollte der Zaun so gestellt werden, dass die Pferde nicht herankommen. Ganz entfernen sollte man einen Strauch nur, wenn es gar nicht anders geht, also wenn er zum Beispiel direkt auf der Weide wächst. Die Eibe ist eine der gefährlichsten Giftpflanzen für Pferde, steht aber unter Naturschutz. Sie darf zwar beschnitten, aber nicht gefällt werden. Hier ist also ein sicherer Zaun die einzige Möglichkeit. Stehen Bäume mit giftigen Früchten wie Eichen oder Rosskastanien in Weidenähe, sollten Sie, insbesondere nach starken Regenfällen oder Stürmen, auf die Weide gefallene Früchte (vor allem die unreifen) absammeln.

Die „Todsünde“: auf einer Weide entsorgter Eibenschnitt.

Jakobskreuzkraut ist im Heu nur schwer zu erkennen. Hier sieht man die roten Stängel.

Giftpflanzen sind aber nicht nur auf der Weide zu finden. Kontrolliert werden sollten auch Reitplätze, Paddocks und alle anderen für Pferde zugänglichen Bereiche auf einem Reiterhof. Kübelpflanzen wie Burgmansien, Oleander oder Rizinus haben in der Nähe von Pferden ebenso wenig zu suchen wie Blauregen, der gern an Einfahrten und Mauern gepflanzt wird. Verzichten sollte man zudem auf Kirschlorbeer, Liguster, Buchsbaum oder Rhododendron, auch wenn letzterer noch so schön blüht. Sollen Bäume als Schattenspender gepflanzt werden, entscheiden Sie sich statt eines Essigbaums aus Nordamerika doch lieber für heimische Arten wie Erle, Esche, Birke oder Haselnuss.

Beim Ausritt ist darauf zu achten, dass Pferde grundsätzlich nicht von Bäumen oder Sträuchern fressen. Binden Sie Ihr Pferd auch nicht an Bäumen oder Sträuchern fest, es sei denn, Sie wissen mit Sicherheit, dass die jeweilige Pflanze ungiftig und stabil genug ist, und lassen Sie es nie auf Ihnen unbekannten Wiesen grasen.

Wer mit seinem Pferd Turniere oder Ausstellungen besucht, sollte ebenfalls die Augen offen halten. Auch auf solchen Veranstaltungen werden Wege und Plätze manchmal mit giftigen Zierpflanzen geschmückt.

Giftstoffe können auch in der täglichen Raufutterration lauern, nämlich im Heu. Hier sind Giftpflanzen oft nur schwer zu erkennen. Glücklicherweise verlieren einige Pflanzen im getrockneten Zustand ihre Giftigkeit, doch leider längst nicht alle, und so bleibt auch das Kreuzkraut gefährlich. Man kann es (theoretisch) im Heu an den roten Stängeln identifizieren. Aber nicht alle Kreuzkrautstängel sind rot ... Die Landwirtschaftliche Untersuchungs- und Forschungsanstalt (LUFA) Speyer bietet den Service an, verdächtige getrocknete Pflanzen auf ein gewisses Marker-Gen zu untersuchen, um nachzuweisen, ob es sich um Kreuzkraut handelt (siehe Anhang). Günstig ist es, wenn Sie sich die Heuwiesen Ihres Lieferanten mit eigenen Augen ansehen können. Es gibt zudem die Möglichkeit, sich kreuzkrautfreies Heu vertraglich bestätigen zu lassen.

Giftpflanzenbekämpfung durch Weidepflege

Auch bei der Pflege großer Weideflächen kommt man mit ein bisschen Know-How ohne Chemikalien aus.

Foto: Bitte Ostwald

Giftpflanzen sind wichtige Bestandteile unseres Ökosystems, es sind keine „bösen“ Pflanzen, genauso wie Giftschlangen keine bösen Tiere sind. Pflanzen sind nun mal am Boden festgewachsen, sie können nicht fliehen wie Tiere. Daher haben manche die Strategie entwickelt, sich durch Giftstoffe ihrer Fressfeinde zu erwehren. Es ist also Unsinn, Giftpflanzen vollständig ausrotten zu wollen, aber es ist die wichtigste Vorsorgemaßnahme, Weiden (inklusive Nachbarweiden und Randstreifen außerhalb der Weideflächen) regelmäßig auf Giftpflanzen zu kontrollieren, insbesondere auf Jakobskreuzkraut, Schierling und Herbstzeitlose, und die Pflanzen möglichst vollständig zu entfernen. Dazu gibt es mehrere sinnvolle Möglichkeiten, die wir hier vorstellen möchten.

Wir unterscheiden dabei zwischen kleineren Flächen bis zu 1 Hektar und größeren Flächen. Das liegt daran, dass Pferdehalter, denen für ihre Tiere eher kleinere Flächen zur Verfügung stehen, oft nicht die gleichen Möglichkeiten der Weidepflege haben wie jemand, der professionell auf großen Flächen Pferde hält. Auf sehr großen Flächen ist es hingegen oft schwierig, Giftpflanzen, insbesondere das Kreuzkraut, in Handarbeit zu entfernen.

Foto: Dr. Richard Maurer

Stark abgefressene Weide mit Kreuzkraut. Hier sollten eigentlich keine Pferde mehr stehen, es sollte lieber nachhaltige Weidepflege betrieben werden.

Kleinere Flächen bis zu 1 Hektar

Auf kleineren Flächen haben Sie gewöhnlich problemlos die Möglichkeit, Kreuzkräuter und andere Giftpflanzen per Hand zu entfernen. Die Pflanzen werden am besten ausgegraben, wobei Sie darauf achten sollten, tatsächlich alle Pflanzenteile inklusive der gesamten Wurzel zu entfernen, einige Pflanzenarten könnten sonst wieder nachwachsen. Am einfachsten gelingt das mit einer Grabegabel und nachdem es geregnet hat. Entfernen Sie Giftpflanzen wenn möglich vor der Blüte oder zumindest sehr zeitnah nach Blühbeginn, damit sie nicht neu aussamen können. Fassen Sie die Pflanzen nur mit Handschuhen an, denn wie bereits erwähnt können die Giftstoffe vieler Pflanzen auch Menschen gefährlich werden. Entsorgen Sie die Giftpflanzen immer so, dass sie für Pferde oder andere Tiere unerreichbar sind. Blühendes Jakobskreuzkraut verbrennen Sie am besten; würden Sie es auf dem Kompost oder anderswo entsorgen, könnten die Blüten immer noch aussamen, vor allem, wenn sie bereits etwas älter und bereits bestäubt sind.

Grasnarbenlücken mit Kreuzkrautrosetten.

Die flächige Bekämpfung mit Chemikalien ist ausschließlich Fachleuten mit Sachkundenachweis vorbehalten, also zum Beispiel Landwirten. Sie könnten allerdings mit einer Rückenspritze arbeiten und gezielt einzelne Pflanzen besprühen. Sind die Pflanzen noch klein, im Fall des Kreuzkrauts handelt es sich dann um Blattrosetten, kann man sie auch mit einem Brenner vernichten.

Die Bekämpfung von Kreuzkraut mit Kalkstickstoff empfehlen wir nicht; Näheres hierzu finden Sie im folgenden Kapitel über die größeren Flächen. Weiterhin finden Sie dort wertvolle Hinweise zur Weidepflege, wobei es darum geht, das biologische Milieu einer Weide so zu verbessern, dass das Kreuzkraut und auch andere Giftpflanzen wie etwa Hahnenfuß deutlich schlechtere Wachstumsbedingungen haben.

Größere Flächen

Bei der Bekämpfung von Giftpflanzen wird bei größeren Flächen meist zuerst an chemische Bekämpfung gedacht. Es mag sein, dass es in bestimmten Fällen tatsächlich nicht anders geht; man sollte aber versuchen, eine chemische Bekämpfung zu vermeiden. Sie schädigen damit immer auf irgendeine Weise das Bodenleben, und auf geschädigten Böden siedeln sich nun mal besonders häufig Giftpflanzen wie das Kreuzkraut an. So gibt es inzwischen Indizien dafür, dass Glyphosat (unter anderem ein Bestandteil des verbreiteten Unkrautvernichtungsmittels RoundUp®) die Pflanzengesundheit negativ beeinträchtigt und das Bodenleben schädigt (www.nabu.de/themen/landwirtschaft/pflanzenschutz/roundup/index.html). Zudem sollten Sie bedenken, dass die zur Bekämpfung ausgebrachten Chemikalien den Geschmack der Pflanzen verändern können, wodurch sie von Pferden eher aufgenommen werden. Dass das Giftspritzen auf Flächen ausschließlich Fachleuten mit Sachkundenachweis wie etwa Landwirten vorbehalten ist, muss ebenfalls berücksichtigt werden.

Im Folgenden möchten wir beispielhaft auf die wirksame Bekämpfung des Kreuzkrauts und der Herbstzeitlose eingehen, zwei Pflanzen, die auf Weiden häufig Probleme bereiten und wegen ihrer hohen Giftigkeit eine besondere Gefahr für Pferde darstellen.

Herbstzeitlose

Herbstzeitlose wächst gern auf feuchteren Wiesen. Um sie längerfristig zurückzudrängen, kann es notwendig sein, die Wiesen zu entwässern. Die sicherste Methode der Bekämpfung ist das Herausziehen der Pflanzen Anfang Mai. In der Zeit hat die Wurzelknolle die meiste Kraft verbraucht und schafft es oft nicht mehr, erneut auszutreiben. Die herausgezogenen Pflanzen dürfen nicht auf der Weide verbleiben. Nach etwa zwei bis drei Jahren zeigen sich gewöhnlich deutliche Erfolge. Auf großen Flächen ist das Herausziehen allerdings oft nicht möglich. Um die Ausbreitung zu verhindern, sollten im Herbst die Blüten gemäht oder gemulcht werden – danach dürfen die Pferde nicht mehr auf die Weide. Die Herbstzeitlose blüht übrigens erst nach vier Jahren das erste Mal. Auf leichten Böden kann man walzen (am besten mit einer Stachelwalze). Der erste Schnitt sollte ebenfalls über zwei bis drei Jahre vorverlegt werden. Es empfiehlt sich auch Gülledüngung der Flächen, wobei die Gülle im aeroben Zustand sein sollte, also nicht im Zustand der Fäulnis, was mit einem Rottezusatz erreicht werden kann.

Das waren einmal Pferdeäpfel, nun ist es gesunder Kompost.

Kreuzkraut

Zur Bekämpfung von Kreuzkraut wird immer wieder der Einsatz von Kalkstickstoff diskutiert. In vielen Fällen funktioniert das auch, aber die Pferde dürfen nach einer Kalkstickstoffbehandlung mindestens zwei, besser vier Wochen nicht auf die Weide. Außerdem durchläuft Kalkstickstoff eine sogenannte cyanide Phase, in der er Bodenleben und Keime abtöten kann, besonders bei falscher Dosierung. Die cyanide Phase wird oft als positiv angesehen und auch von der Industrie entsprechend propagiert, da sie Parasiten im Boden vernichtet. Allerdings ist zu bedenken, dass neben schädlichen auch nützliche Organismen im Boden, die für die natürliche Umsetzung von Pflanzenresten (Verrottung) in Humus zuständig sind, geschädigt werden können.

Es gibt zwei Wege, des Kreuzkrauts Herr zu werden: die eben beschriebene Bekämpfung, aber auch die Milieuveränderung. Milieuveränderung bedeutet, dass der Boden dahingehend gestärkt wird, dass sich Kreuzkräuter nach und nach von selbst zurückziehen beziehungsweise weniger Möglichkeiten zum Aussamen finden. Bekanntermaßen siedelt sich das Kreuzkraut auch oft in Grasnarbenlücken an, die man insbesondere auf schlecht gepflegten oder trittgeschädigten Weiden findet – gerade Trittschäden sind auf Pferdeweiden häufig.

Auf großen Flächen ist eine Entfernung des Kreuzkrauts per Hand oft nicht möglich.

Wenn es gelingt, eine Weide so zu verbessern, dass sich die Grasnarbenlücken schließen, ist schon viel gewonnen; dann bekämpfen wir das Kreuzkraut nicht, wir nehmen ihm die Lebensgrundlage. Es kann nicht mehr keimen, wodurch seine Ausbreitung verhindert wird. Auf einer artenreichen Weide mit stark verwurzelten Gräsern und Kräutern hat das Kreuzkraut wenig Chancen. Hierzu benötigen wir aber ein aktives Bodenleben, also sauerstoffatmende (aerobe) Mikroorganismen sowie Regenwürmer und andere Kleinsttiere, die in der Lage sind, Pflanzenreste im Boden umzusetzen und somit das Bodenmilieu positiv zu verändern. Das Geheimnis heißt Bodenbelebung – aus Fäulnisprozessen im Boden Rotteprozesse machen. Wenn das klappt, werden sich auch die Grasnarbenlücken schließen, wobei Sie durch Nachsäen einer ausgewogenen Gras-Kräuter-Mischung (achten Sie darauf, dass Sie keine endophytenreichen Gräser säen, siehe folgendes Kapitel) etwas nachhelfen können.

Wir müssen also düngen, um das Bodenleben zu fördern – aber womit? Einen geeigneten Dünger liefern die Pferde selbst: 1 Hektar Weide ernährt ein bis zwei Pferde, und ein bis zwei Pferde liefern ausreichend biologischen Volldünger für 1 Hektar Weide. Oder anders ausgedrückt: Pro Pferd fallen in einem Jahr etwa 12 Kubikmeter Mist an, und auf 1 Hektar Weidefläche kann man pro Jahr 10 bis 25 Kubikmeter Kompost ausbringen. Wir sollten unseren Pferdemist also nicht entsorgen, sondern zu wertvollem Kompost verrotten lassen (auch hier ist ein Rottezusatz empfehlenswert), den wir unserer Weide zukommen lassen können. Mit einer solchen Kreislaufwirtschaft kann man beste Weidewirtschaft betreiben.

Wie kann man nun aber praktisch vorgehen, um die Bodenstruktur zu verbessern und das Kreuzkraut zurückzudrängen? Ein gutes Rezept ist eine Mischung aus regelmäßigem Mulchen und Bodenbelebung. Wir empfehlen folgendes Vorgehen: Im Herbst werden die

Weiden/Grünlandflächen ein erstes Mal gemulcht und idealerweise mit einem Mittel zur Bodenbelebung behandelt (wir können aus eigener Erfahrung die entsprechenden Mittel der Firma PLOCHER integral-technik empfehlen, Bezugsadresse siehe Anhang), dies bezeichnet man als Flächenkompostierung. Ziel dabei ist, dass das gemulchte Grüngut der Wiese als Dünger zur Verfügung gestellt wird. Die Behandlung zur Aktivierung der Bodenbiologie sollte im Frühjahr noch einmal wiederholt werden. Gewöhnlich eignet sich hierfür der Zeitraum von Mitte März bis Mitte April ab einer Bodentemperatur von 7 Grad Celsius, denn erst ab dieser Temperatur beginnen die aeroben Bodenmikroorganismen zu arbeiten.

Ein zweites Mal wird nun gemulcht, noch bevor das Kreuzkraut seine Blüten geöffnet hat. Eine anschließende erneute Behandlung der Flächen mit einem Mittel zur Bodenbelebung ist empfehlenswert. Wichtig ist eine schnelle Verrottung des Mulchgutes. Erneutes Mulchen ist immer dann nötig, wenn das Kreuzkraut wieder höher gewachsen ist, aber noch nicht blüht. Jetzt im Sommer ist auch eine gute Zeit für die Kompostdüngung.

Das Kreuzkraut ist gewöhnlich eine zweijährige Pflanze, die im ersten Jahr nur eine Rosette bildet und im zweiten Jahr den Stängel und die Blüten. Im ersten Jahr mulchen Sie also die zweijährigen Bestände (Pflanzen, die bereits Stängel getrieben haben und blühen würden), im Folgejahr die Bestände, die im

Mit der Rückenspritze kann man kleinere Flächen selbst mit einem Mittel zur Bodenbelebung behandeln.

Die linke Wiese wurde im Verlauf eines Jahres immer wieder gemulcht, mit Kompost gedüngt und mit Mitteln zur Bodenbelebung behandelt; die rechte Fläche ist unbehandelt.

Jahr zuvor noch im Rosettenstadium waren. Um größere Bestände einzudämmen, müssen Sie die beschriebene Mulchmethode über mehrere Jahre anwenden. Dafür schlagen Sie aber zwei Fliegen mit einer Klappe: Sie schaffen eine Milieuveränderung dahingehend, dass sich das Kreuzkraut zurückzieht, und Sie beleben Ihre Böden. Dadurch verbessern Sie Ihre Weideflächen deutlich, weil sich Grasnarbenlücken schließen und die Grasnarbe trittfester wird. Die Wiesen und Weiden werden erfahrungsgemäß auch wasserhaltefähiger und können Trockenzeiten besser überstehen. Außerdem erzielen Sie einen hochwertigen biologischen Aufwuchs mit Gräsern und Kräutern – damit Ihre Pferde die benötigte Energie aus dem Grundfutter beziehen können. Denn Pferde sind bekanntlich Steppentiere, also Grasfresser und keine Kraftfutterfresser.

Wichtig: Die beschriebene Methode können Sie nur anwenden, wenn Sie Ausweichflächen für die Pferde haben, denn auf gemulchten oder gemähten Kreuzkrautflächen dürfen auf keinen Fall Pferde weiden! Das Kreuzkraut verliert durch die Trocknung seinen bitteren Geschmack und wird von den Pferden möglicherweise gefressen – was tatsächlich bereits vorgekommen ist.

Wenn sie nicht genügend Ausweichflächen haben, empfehlen wir, Weiden mit Kreuzkrautbestand jedes Mal direkt nach dem Abweiden zu mulchen. Auch hier ist es sinnvoll, nach dem Mulchen ein Mittel zur Bodenbelebung aufzubringen. Wichtig ist, dass das Mulchgut zuerst verrotten kann, bevor wieder Pferde auf die Weide dürfen, weil sonst, wie bereits erwähnt, die Gefahr besteht, dass Pferde getrocknete Kreuzkrautreste fressen. Sollten Sie selbst keinen Mulcher besitzen, können Sie Ihre Flächen auch von landwirtschaftlichen Lohnunternehmern mulchen und behandeln lassen; diese Unternehmen können Sie auch beauftragen, Ihren Kompost mit dem Miststreuer auszustreuen.

Wer gar keine Möglichkeit zum Mulchen hat, sollte es neben dem Entfernen des Kreuzkrauts per Hand zumindest mit der Bodenbelebung versuchen. Damit lässt sich wenigstens eine Verbesserung erzielen. Auf kleineren Flächen kann man die geeigneten Mittel gut mit einer Rückenspritze oder mit einem Rasentraktor und angehängtem kleinen Spritzwagen ausbringen.

Gras gehört auf Pferdeweiden – aber welches?

Es gibt nur zwei Arten Gräser, die giftig wirken können: den sehr seltenen Taumel-Lolch *(Lolium temulentum)* und den Goldhafer *(Trisetum flavescens)*, jedoch nur in größeren Mengen. Mehr darüber erfahren Sie im Bestimmungsteil dieses Buches.

Allerdings kann auch von unseren Wirtschaftsgräsern eine Gefahr für Pferde ausgehen. Dies liegt an Pilzen, die darin vorkommen und in Symbiose mit diesen Gräsern leben. Diese Endophyten (Pilze und Bakterien, die im Inneren einer Pflanze leben) verschaffen den Gräsern Vorteile. Sie erlauben ihnen etwa, bei größerer Dürre zu überleben, oder machen sie resistenter gegen Schädlinge. Nachteilig können sich die Endophyten allerdings auf Pferde auswirken. Sie produzieren nämlich sehr geringe Mengen an Giften, die bei empfindlichen Tieren Durchfall, angelaufene Beine, Kronsaumentzündungen und andere Entzündungen der Fesseln hervorrufen können. Es kann auch zu nervösen Störungen, verengten Bronchien, unausgewogenem Hormonhaushalt und Mineralmangel kommen. Bei Stuten können diese Endophyten für Unfruchtbarkeit und für Probleme bei der Geburt verantwortlich sein. Giftbindemittel wie Bierhefe und natürliche Tonminerale (zum Beispiel Bentonit, Zeolith, Aluminiumsilikat) können Vergiftungssymptome meist stark reduzieren, doch die weitaus bessere Alternative ist es, die Pferde gar nicht erst diesen Giftstoffen auszusetzen.

Unsere verbreitetsten Wirtschaftsgräser setzen sich aus den Grasarten *Festuca* und *Lolium* zusammen. Sie sind eng miteinander verwandt und können sich daher auch kreuzen. Diese Gräser, zu denen das Deutsche Weidelgras *(Lolium perenne)*, der Rohrschwingel *(Festuca arundinacea)*, das Welsche Weidelgras *(Lolium multiflorum)*, der Wiesenschwingel *(Festuca pratensis)* und das Wiesenrispengras *(Poa pratensis)* zählen, sind sehr produktive und schmackhafte Gräser, die auf Kuh- und Rinderweiden gesät wurden. Diese Gräser können insbesondere nach einer längeren Trockenheit eine hohe Anzahl an Giften produzieren. Da Pferde viel empfindlicher sind als Rinder und Kühe, ist dieses „Kuhgras" für Pferdeweiden und Heuwiesen nicht geeignet, wobei sich die Giftstoffe im Heu teilweise, aber nun mal nicht vollständig, abbauen. Das Deutsche Weidelgras *(Lolium perenne)* und der Rohrschwingel *(Festuca arundinacea)* werden in den USA sogar als giftig eingestuft.

Die erwähnten Gräser können noch einen Nachteil für Pferde haben – ihr Fruktangehalt ist sehr hoch, beim Welschen Weidelgras zum Beispiel dreimal höher als bei dem für Pferdeweiden sehr empfehlenswerten Wiesenfuchsschwanz. Fruktane sind langkettige Zuckermoleküle, die den Gräsern als kurzfristiger Energiespeicher dienen. Bei Pferden können sie Hufrehe auslösen. Der Fruktangehalt von Gräsern steigt generell mit Kälte und Sonnenschein. Somit ist er an sonnigen, kalten Frühlings- und Herbsttagen am höchsten.

Achten Sie beim Kauf von Grasmischungen zur Saat oder Nachsaat auf Ihrer Weide also darauf, dass sich diese für Pferdeweiden und Heuwiesen eignen.
Empfehlenswert sind:

- Lieschgras (*Phleum*-Arten)
- Knäuelgras (*Dactylis*-Arten)
- Kammgras (*Cynosurus*-Arten)
- Fuchsschwanz (*Alopecurus*-Arten)
- Rot- und Schaf-Schwingel (*Festuca*-Arten)
- Straußgräser (*Agrostis*-Arten)
- Glatthafer (*Arrhenatherum elatius*)
- Schwaden (*Glyceria*-Arten)
- Kleine Mengen Sauergräser, wie Hainsimsen (*Luzula*-Arten) und Seggen (*Carex*-Arten)

Für Pferdeweiden gut geeignet: Wiesenknäuelgras ...

... und Wiesenlieschgras.

Giftpflanzen bestimmen

Foto: Dr. Richard Maurer

Was blüht denn hier? Die Pflanzen auf der eigenen Pferdeweide sollte man kennen, um ungiftig von giftig unterscheiden zu können.

Der folgende Bestimmungsteil soll es Ihnen so leicht wie möglich machen, verdächtige Pflanzen sicher zu bestimmen. Der Grad der Giftigkeit wird durch ⊕⊕⊕ (tödlich giftig) bis ⊕ (leicht giftig) angegeben. Zu den gefährlichsten Giftpflanzen gibt es jeweils eine genauere Beschreibung der Bestimmungsmerkmale, der wichtigsten Vergiftungssymptome und der gefährlichen Menge (sofern bekannt), während leicht giftige Pflanzen und Pflanzen, die so selten vorkommen, dass eine Vergiftung unwahrscheinlich ist, lediglich mit einem Bild verzeichnet sind. Von leicht giftigen Pflanzen müssen gewöhnlich recht große Mengen (mehrere Kilogramm) gefressen werden, damit es zu ersten Reaktionen – in aller Regel Koliken oder Durchfall – kommt.

Die für Pferde giftigen Krautpflanzen lassen sich am besten über die Blütenfarbe, die Anzahl der Blütenblätter und die Anordnung der Blüten bestimmen. Diesen Pflanzen ist der erste große Abschnitt des Bestimmungsteils gewidmet.

Bäume und Sträucher blühen zwar auch, doch ist hier die Blüte nicht in allen Fällen das auffälligste Bestimmungsmerkmal. Mit ihnen beschäftigt sich der zweite Abschnitt des Bestimmungsteils, die Ordnung erfolgt nach Gefährlichkeitsgrad.

Und schließlich können nach der Blütezeit auch die Früchte einer Pflanze wertvolle Hinweise für die Bestimmung geben. Daher findet sich am Ende dieses Kapitels eine Übersicht über markante Früchte mit Verweis auf die Beschreibung der entsprechenden Giftpflanze.

Nicht alle Bäume oder Sträucher blühen so auffällig wie die hier gezeigte, sehr giftige Engelstrompete.

Bestimmung von Krautpflanzen anhand der Blüte

Ein wichtiges Merkmal aller im Folgenden aufgeführten Pflanzen ist die Blüte. Bei leicht zu bestimmenden Pflanzen genügt es oft schon, wenn Sie diese mit den Fotos aller Pflanzen in der entsprechenden Farbgruppe vergleichen. Bringt das keine Klarheit, müssen Sie die Blütenblätter zählen, was bei den oft kleinen Blättchen nicht immer leicht ist, aber mit einer Lupe auf jeden Fall gelingt. Mitunter sind die Blütenblätter auch miteinander verwachsen (etwa beim Maiglöckchen), dann kann man nur die oberen Zipfel zählen. Zweiseitig symmetrisch angeordnete Blüten erkennen Sie daran, dass es eine linke und eine rechte Hälfte gibt, die sich quasi spiegeln und eine unterschiedliche Ober- und Unterseite haben. Bei den weißen Blüten finden Sie zusätzlich eine Übersicht über die Doldenblütler, denn gerade diese sind anhand einer Einzelblüte schwer zu bestimmen, allerdings als Dolde umso besser zu erkennen. Und bei den grünen Blüten gibt es die spezielle Kategorie Farne, Schachtelhalme und Gräser.

Manche Pflanzen kommen auch in unterschiedlichen Blütenfarben vor, darauf wird gegebenenfalls hingewiesen.

Innerhalb einer Bestimmungsgruppe (zum Beispiel rot mit höchstens fünf Blütenblättern) sind die Pflanzen nach ihrem Gefährlichkeitsgrad geordnet, wobei die Übergänge hier fließend sein können. Am Ende jeder Gruppe stehen die leicht giftigen Pflanzen und diejenigen, bei denen Vergiftungen kaum zu erwarten sind, weil die Pflanzen entweder sehr selten vorkommen oder an Standorten wachsen, die für Pferde gewöhnlich nicht zugänglich sind.

Das Zählen der Blütenblätter hilft beim Bestimmen. Bei großen Blüten wie der des hier gezeigten Schlafmohns gelingt das leicht.

Weiße Blüten mit bis zu fünf Blütenblättern

Wichtig: Auch die für Pferde giftigen Doldenblütler (Schierling, Hundspetersilie, Wasserschierling, Wasserfenchel, Herkulesstaude und Zwergholunder) haben an den Einzelblüten je fünf Blütenblätter. Weil diese Pflanzen jedoch am leichtesten anhand der charakteristischen Dolden zu erkennen sind, sind sie in einer eigenen Kategorie ab Seite 41 beschrieben.

Stechapfel

Datura stramonium

Nachtschattengewächse

Bestimmungsmerkmale: Der Stechapfel hat weiße Blüten, die 5 bis 8 Zentimeter lang werden. Die Blüten beider Gattungen verströmen einen starken, betäubenden Geruch, der leichte Vergiftungserscheinungen hervorrufen kann. Die Blütezeit ist von Juni bis September. Im Herbst reift die walnussgroße stachelige Frucht heran, die ein wenig einer Kastanie ähnelt. Die Stechapfelfrucht enthält süß schmeckende, blauschwarze Samen. Die Laubblätter der Pflanze riechen unangenehm, sind buchtig gezähnt und werden bis zu 20 Zentimeter lang. Der Stechapfel erreicht eine Höhe von 30 bis 100 Zentimetern.

Standort und Verbreitung: Stechapfel findet man auf Ödland, Schutt und an Wegen. Er benötigt lockeren, stickstoffhaltigen Boden. Sein Verbreitungsgebiet erstreckt sich über ganz Europa, er ist aber ziemlich selten.

Giftstoffe, Wirkung und Symptome: Die Pflanzen enthalten (S)- und (R)-Hyoscyamin und in jungen Pflanzen auch geringe Mengen Scopolamin. Bei Pferden kann es zu Vergiftungen kommen, wenn verfüttertes Sojaschrot mit mehr als 0,3 Prozent Stechapfelsamen verunreinigt ist. Die Symptome einer Vergiftung sind Erregung, Schluckbeschwerden, trockene Schleimhäute, starker Durst sowie Futterverweigerung und ein Ansteigen der Körpertemperatur. Weiterhin erweitern sich die Pupillen der Pferde und die Tiere leiden unter Sehstörungen, schnellerer Atmung, starkem Durst sowie unter erhöhter Urinausscheidung und Durchfall. Es kommt auch zu Störungen im Bewegungsablauf, ferner zu Lähmungen und zum Tod.

Gefährliche Menge: Erste Vergiftungserscheinungen treten bereits nach der Aufnahme weniger Gramm auf.

Rote (Zweihäusige) Zaunrübe

Bryonia dioica

Kürbisgewächse

Bestimmungsmerkmale: Die Pflanze ist zweihäusig, was bedeutet, dass es auf einer Pflanze entweder nur männliche oder nur weibliche Blüten gibt. Die fünfzipfeligen Blüten erscheinen Anfang des Sommers und haben einen Durchmesser von etwa 1 Zentimeter. Die männlichen Blüten sind grünlich weiß, die weiblichen weißlich grün. Die Blüten sind von beinahe parallel verlaufenden grünen Äderchen durchzogen. Die Beeren sind zunächst grün und färben sich dann rot. Die fünflappigen Laubblätter sind handförmig und haben kurze Borstenhaare; sie erinnern ein wenig an junge Efeublätter. Die Zaunrübe ist eine Kletterpflanze mit Ranken, die sich spiralförmig drehen. Eine Verwandte der Roten Zaunrübe ist die Weiße Zaunrübe, die ihr sehr ähnlich ist, auch hinsichtlich der Giftigkeit, aber schwarze Beeren trägt.

Typisch für den Stechapfel sind neben den Blüten die kastanienähnlichen Früchte.

Die Rote Zaunrübe hat weiße Blüten, die etwas grünlich schimmern.

Standort und Verbreitung: Zaunrüben wachsen an Gebüschen, an Zäunen und Mauern und auch auf Weinbergen, während man sie in den Alpen vergebens sucht. Die Zaunrübe benötigt stickstoffhaltigen Lehmboden und liebt warme Lagen.

Giftstoffe, Wirkung und Symptome: Die Zaunrübe enthält verschiedene Cucurbitacine, Glycoside und Alkaloide. Ein vergiftetes Pferd schwitzt stark, seine Atmung verstärkt sich. Es kommt zu Reizungen der Schleimhäute und damit verbundenem Durchfall, der auch wässrig und blutig sein kann. Es können aber auch Verstopfungen auftreten. Die Tiere leiden unter Krämpfen und Gleichgewichtsstörungen. Sie lassen mehr Wasser, und Schädigungen der Niere sind ebenfalls möglich. Eine Vergiftung kann auch zum Schiefhals führen.

Gefährliche Menge: nicht bekannt

Buchweizen

Fagopyrum esculentum

Knöterichgewächse

(Die Pflanze blüht auch rosa, siehe Seite 65. Ausführliche Beschreibung siehe dort.)

Buchweizen hat teils grüne und teils rote Stängel.

Kartoffel

Solanum tuberosum
Nachtschattengewächse
(Die Pflanze blüht auch violett, siehe Seite 77.)

Bestimmungsmerkmale: Die Kartoffel ist eine bis 1 Meter hoch wachsende Pflanze, die an unterirdischen Ausläufern ihre Fruchtknollen entwickelt. Ihre weißen bis violetten Blüten mit den auffallend gelben Staubbeuteln erscheinen von Juni bis August. Die Blätter der Kartoffel sind unpaarig gefiedert, kleine und große Fiederblättchen wechseln sich ab. In grünen, kirschgroßen Beeren reifen die Samen heran.

Standort und Verbreitung: Die Urform unserer Kartoffel stammt aus den südamerikanischen Anden. Sie ist eines unserer wichtigsten Grundnahrungsmittel und wächst selbst noch in Höhen von 2000 Metern, spezielle Züchtungen gedeihen sogar noch am Rand der Polargebiete von Grönland. Bei uns ist die Kartoffel eine reine Kulturpflanze und kommt verwildert praktisch nicht vor.

Giftstoffe, Wirkung und Symptome: Hauptsächlich in ihren oberirdischen Teilen, aber auch in grünen Kartoffeln ist der Giftstoff Solanin enthalten. Diese Teile sowie gekeimte Kartoffeln sind für Pferde giftig. Die Symptome zeigen sich durch Benommenheit, schwachen Puls und Kreislauf-, Magen-Darm-Beschwerden und Durchfall.

Gefährliche Menge: nicht bekannt

Besonders auffällig sind die gelben Staubbeutel der Kartoffelblüte.

Schwarzer Nachtschatten

Solanum nigrum
Nachtschattengewächse

Bestimmungsmerkmale: Der Schwarze Nachtschatten trägt weiße Blüten, sie stehen in Trauben und haben fünf Blütenblätter mit gelben, auffälligen Staubbeuteln. Die Blütezeit ist von Juli bis Oktober, danach reifen die erbsengroßen, schwarzen Früchte heran. Verschiedentlich erscheinen sie auch gelblich bis grünlich. Die Pflanze ist niederliegend oder auch aufsteigend und erreicht eine Höhe von 30 bis 100 Zentimetern. Die Blätter sind eiförmig und am Rand gebuchtet.

Standort und Verbreitung: Der Schwarze Nachtschatten wächst an Äckern, Schuttplätzen, in Gärten und an Mauern. Er braucht stickstoffhaltigen Lehmboden und hat sein Verbreitungsgebiet in Mitteleuropa.

Giftstoffe, Wirkung und Symptome: Der höchste Giftgehalt, es handelt sich vorwiegend um Solanin, ist in den unreifen Samen zu finden, aber auch sonst in der ganzen Pflanze. Reife Beeren sind so gut wie ungiftig. Die Symptome einer Vergiftung sind Speichelfluss, Reizung der Schleimhäute und Schleimhautentzündungen, Durchfall und Krämpfe. Die Tiere haben auch Gleichgewichtsstörungen und leiden unter Entzündungen der Haut, unter Atemnot; sie sind teils erregt, aber auch teilnahmslos. Der Urin ist braunrot verfärbt. Das Blut kann sich bei entsprechend starker Vergiftung zersetzen, und der Tod kann durch Atemlähmung eintreten.

Gefährliche Menge: nicht bekannt

Ein auffälliges Merkmal des Schwarzen Nachtschattens sind die gelben Staubbeutel der Blüten.

Weitere, für Pferde nur leicht giftige oder seltene Giftpflanzen in dieser Kategorie:

Christrose (Helleborus niger)

Die Christrose ist stark giftig, kommt in der Natur jedoch sehr selten vor. In Gärten sieht man sie häufig. (Als Zierpflanze gibt es auch eine blau blühende Art, siehe Seite 77).

Knoblauch (Allium Sativum)

120 Gramm pro Tag über einen längeren Zeitraum führen zu einer Verringerung der Anzahl der roten Blutkörperchen. Das Bild zeigt eine erst halb geöffnete Knoblauchblüte.

Schwalbenwurz (Vincetoxicum hirundinaria)

Die leicht giftige Schwalbenwurz findet man meist in trockenen Wäldern und Gebüschen.

Drachenwurz, Schlangenwurz (Calla palustris)

Diese Pflanze ist nur an Ufern, in Sümpfen und Mooren sowie auf überschwemmten Böden zu finden.

Weiße Blüten mit mehr als fünf Blütenblättern

Weißer Germer

Veratrum album
Einbeerengewächse
(Die Pflanze blüht auch gelb, siehe Seite 56, und grün, siehe Seite 88.)

Bestimmungsmerkmale: Die Blüten des Weißen Germers stehen in einer endständigen Rispe, die über 50 Zentimeter lang werden kann. Die Farbe der Blüten ist innen Weiß bis Gelblich und außen Grünlich. Die Blätter sitzen wechselständig, im Gegensatz zu dem ähnlichen Gelben Enzian, dessen Blätter gegenständig angeordnet sind. Sie haben eine breite elliptische Form und sind an der Unterseite behaart. Die Blätter verströmen einen starken Geruch und fallen auch durch ihre Bogennerven auf. Die Pflanze wird 50 bis 150 Zentimeter hoch und blüht von Juni bis August.

Standort und Verbreitung: Der Weiße Germer wächst auf Alpenwiesen und auf Hochstaudenfluren, er liebt feuchten, stickstoffreichen und etwas kalkhaltigen Boden. Sein Verbreitungsgebiet ist Mittel- und Südeuropa.

Giftstoffe, Wirkung und Symptome: Der Weiße Germer enthält Steroidalkaloide, wie Protoveratrin, Germerin und Veratramin. Die höchste Konzentration der Giftstoffe findet sich in der Wurzelknolle, aber auch die restliche Pflanze ist giftig. Je höher ihr Standort, desto geringer ist ihr Wirkstoffgehalt, der im Übrigen allgemein stark schwankt. Im Heu bleiben die Giftstoffe erhalten, und so ist es auch schon zu tödlichen Vergiftungen bei Pferden gekommen. Die Vergiftungssymptome sind starker Speichelfluss, Durchfall, Magen-Darm-Beschwerden, der Puls verlangsamt sich und der Blutdruck der Tiere sinkt ab. Weiterhin kommt es zu einer verlangsamten Atmung, Krämpfen und Lähmungserscheinungen. Bei starker Vergiftung tritt der Tod durch Atem- und Kreislauflähmung ein.

Gefährliche Menge: Die tödliche Dosis ist 1 Gramm der frischen Wurzel pro Kilogramm Körpergewicht des Pferdes, und auch im Heu ist die zum Tod führende Menge der getrockneten Pflanze gering. Bei Aufnahme frischer Pflanzenteile ist die tödliche Dosis etwas höher.

Die Blütenfarbe des Weißen Germers lässt sich nicht immer leicht zuordnen. Charakteristisch sind die langen Blütenrispen. Das Bild einer Einzelblüte finden Sie bei der Blütenfarbe Grün.

Maiglöckchen

Convallaria majalis
Spargelgewächse

Bestimmungsmerkmale: Das Maiglöckchen trägt seine weißen, glockenförmigen Blüten (5 bis 13 Stück) in einer endständigen, lang gestielten Traube. Die Blüten weisen alle in eine Richtung und duften stark. Maiglöckchen blühen von Mai bis Juni. Im Juli bis August erscheinen dann die roten Beeren, die jeweils zwei bis sechs Samen enthalten. Die Laubblätter, meist zwei Stück, entspringen direkt aus der Wurzel und haben eine breite lanzettliche Form. Auffällig sind die bogenförmigen Blattnerven. Das Maiglöckchen wird 15 bis 25 Zentimeter hoch.
Vorsicht beim Sammeln von Bärlauchblättern, sie sehen denen des Maiglöckchens zum Verwechseln ähnlich.

Standort und Verbreitung: Die Pflanze wächst vorwiegend in Laubwäldern in West- und Mitteleuropa. Sie braucht warmen, humusreichen Boden. Das Maiglöckchen wird auch als Zierpflanze in Gärten gehalten.

Giftstoffe, Wirkung und Symptome: Die giftigen Inhaltsstoffe ähneln denen des Roten Fingerhuts. Es handelt sich um herzwirksame Glycoside, der Hauptwirkstoff ist das Convallatoxin. Die Giftstoffe sind in allen Teilen der Pflanze enthalten, aber insbesondere in den roten Beeren. Die Tiere leiden im Fall einer Vergiftung unter Magen-Darm-Beschwerden mit Durchfall, Teilnahmslosigkeit, Krämpfen, Verlangsamung des Herzschlags und Herzrhythmusstörungen. Zu Todesfällen soll es zwar noch nicht gekommen sein, sie sind aber theoretisch möglich.

Gefährliche Menge: nicht bekannt

Vorwiegend im Wald anzutreffen, aber auch eine beliebte Gartenpflanze – das hübsche, aber giftige Maiglöckchen.

Bärlauch ⊕⊕

Allium ursinum

Narzissengewächse

Bestimmungsmerkmale: Typisch für den Bärlauch ist der knoblauchartige Geruch, den man oft im Frühjahr in Wäldern wahrnehmen kann. Die weißen Blüten stehen in einer reichblütigen Scheindolde. Der Stängel der Blüte ist blattlos. Die Pflanze hat meist zwei Grundblätter, seltener eines oder drei, die den Blättern des Maiglöckchens sehr ähnlich sind. Maiglöckchenblätter sind derber als Bärlauchblätter, sie haben stärker ausgeprägte Blattnerven, und die Blattunterseite glänzt.

Standort und Verbreitung: Bärlauch wächst vorwiegend in Laub- und Mischwäldern, wo er oft große Teppiche bildet.

Giftstoffe, Wirkung und Symptome: Bärlauch enthält, ähnlich dem Knoblauch, Lauchöl, Flavonoide, Biokatalysatoren, Fructosane und viel Vitamin C. Während die Pflanze dem Menschen nicht schadet, ist sie unter Umständen giftig für Pferde. Dies hängt natürlich von der Menge ab, die die Tiere zu sich nehmen. Bei einer regelmäßig gefressenen Menge von 2 Gramm pro Kilo Körpergewicht kommt es zu einer starken Schädigung der roten Blutkörperchen und Anämie (Blutarmut). Weitere Symptome sind Magen-Darm-Entzündungen, Gelbsucht, Kreislaufstörungen, Durchfall und auch blutiger Harn.

Gefährliche Menge: 2 Gramm pro Kilo Körpergewicht, also 1 Kilo bei einem 500 Kilo schweren Pferd, bei regelmäßiger Aufnahme.

Buschwindröschen ⊕ bis ⊕⊕

Anemone nemorosa

Hahnenfußgewächse

Bestimmungsmerkmale: Das Buschwindröschen trägt eine weiße, mitunter auch rot überlaufene, strahlenförmige Blüte mit sechs bis acht Blütenblättern. Die Blütezeit ist von März bis April. Am oberen Teil des Stängels sitzen jeweils drei handförmig geteilte Hochblätter. Ferner trägt die Pflanze meist noch ein dem Hochblatt ähnliches Grundblatt. Das Buschwindröschen wird 15 bis 25 Zentimeter hoch.

Standort und Verbreitung: Die Pflanze wächst in Laub- und Laubmischwäldern bis zu einer Höhe von 1900 Metern. Sie ist in ganz Europa verbreitet.

Giftstoffe, Wirkung und Symptome: Die Giftwirkung von anderen Windröschenarten, wie dem Gelben Windröschen, dem Großen Windröschen oder auch dem Berghähnlein (Narzissenblütiges Windröschen), sind annähernd gleich. Das Buschwindröschen enthält das giftige Protoanemonin und Anemonin. Protoanemonin reizt vorwiegend Haut und Schleimhäute und kann somit äußerlich Rötungen und Blasenbildung der Haut verursachen. Durch die schleimhautreizende Wirkung kommt es zu vermehrtem Speichelfluss, Krämpfen, Magen-Darm-Beschwerden mit Durchfall und blutigem Urin. Der Tod kann, wenn auch sehr selten, durch Atemlähmung oder Zusammenbruch des Kreislaufs eintreten.

Gefährliche Menge: nicht bekannt

Bärlauch wird von vielen Menschen gern gegessen, für Pferde ist er allerdings giftig.

Die Blüte des Buschwindröschens ist nicht immer reinweiß, sie kann auch rot überlaufen sein.

Weitere, für Pferde nur leicht giftige oder seltene Giftpflanzen in dieser Kategorie:

Weißwurz (Polygonatum multiflorum)

Hierbei handelt es sich um eine häufige Waldpflanze.

Märzbecher (Leucojum vernum)

Die Pflanze wächst im Wald und als Zierpflanze in Gärten.

Zwiebel (Allium cepa)

Eine Vergiftung tritt erst bei 2,5 Kilo für ein 500 Kilo schweres Pferd ein und ist somit kaum zu erwarten.

Krokus (Crocus spec.)

(Die Pflanze blüht auch gelb, siehe Seite 57, und violett, siehe Seite 79.)

Zweiseitig symmetrische weiße Blüten

Fingerhut

Digitalis spec.

Wegerichgewächse

(Die Pflanze blüht auch rot, siehe Seite 59, und es gibt auch gelb blühende Arten, siehe Seite 70. Ausführliche Beschreibung siehe bei der roten Blütenfarbe.)

Steinklee

Melilotus spec.

Schmetterlingsblütler

Es gibt auch eine gelb blühende Art, siehe Seite 59. Ausführliche Beschreibung siehe dort.)

Obwohl die Pflanze Roter Fingerhut heißt, gibt es sie auch mit weißen Blüten.

Die Blätter des Steinklees haben eine lanzettliche Form, die Blüten stehen in Trauben.

Gartenbohne/Stangenbohne (Buschbohne)

Phaseolus vulgaris
Schmetterlingsblütler

Bestimmungsmerkmale: Die Gartenbohne ist eine Kletterpflanze, die sich bis zu einer Höhe von 7 Metern emporwindet. Die weißen, mitunter auch gelblich oder violett gefärbten Blüten sitzen an aufrechten, bis zu 30 Zentimeter langen Blütenständen. Die Pflanze blüht von Juni bis August. Die meist weißen Bohnen reifen in 10 bis 20 Zentimeter langen, grünen Hülsen heran. Die Laubblätter haben lange Stiele und bestehen aus drei eiförmigen, vorn zugespitzten Einzelblättchen. Eine Variante der Gartenbohne ist die Buschbohne (*Phaseolus vulgaris var. nanus*).

Standort und Verbreitung: Die Gartenbohne stammt aus Südamerika und ist heute als Gemüsepflanze in der ganzen Welt verbreitet.

Giftstoffe, Wirkung und Symptome: Die Pflanze enthält giftige Eiweißverbindungen, sogenannte Toxalbumine. Eine Vergiftung zeigt sich in Erbrechen, Krämpfen, Durchfall (mitunter blutig) sowie in Magen-Darm-Entzündungen. Durch Kochen werden die Wirkstoffe zerstört, nicht jedoch durch Trocknen.

Gefährliche Menge: Ein Rind würde bei 500 Gramm täglich innerhalb weniger Tage sterben. Für Pferde gibt es bisher keine genauen Angaben.

Hier ist die weiße Blüte einer Buschbohne zu sehen.

Ackerbohne, Dicke Bohne

Vicia faba
Schmetterlingsblütler

Bestimmungsmerkmale: Die Ackerbohne wächst als einjährige, 50 bis 100 Zentimeter hohe Pflanze. Ihre Blätter sind fleischig und blaugrün. Die Schmetterlingsblüten sind weiß mit einem schwarzen Fleck auf dem Flügel. Blütezeit ist Juni bis Juli. Die dicken Bohnen reifen in circa 12 Zentimeter langen Hülsen heran.

Standort und Verbreitung: Die Ackerbohne wird als Kulturpflanze weltweit angebaut. Sie wächst am besten auf tiefgründigem Lehmboden.

Giftstoffe, Wirkung und Symptome: Die Pflanze enthält die Glycoside Vicin und Convicin. Vergiftung bei Pferden zeigt sich durch Unlust zum Fressen, schwere Leberschädigung mit Durchfall und Koliken. Bedingt durch die Leberschädigung kommt es zur Gelbsucht sowie zu einer Gelbfärbung von Schleim- und Bindehäuten. Im Fall einer schweren Vergiftung lassen die Tiere vermehrt Harn, der auch blutig sein kann, die roten Blutkörperchen werden zerstört, der Tod ist nicht ausgeschlossen.

Gefährliche Menge: nicht bekannt

Typisch für die Blüten der Ackerbohne ist der hier gut sichtbare schwarze Fleck.

Lupine

Lupinus spec.
Schmetterlingsblütler
(Es gibt auch gelb blühende Arten, siehe Seite 60, rot blühende Arten, siehe Seite 73 und blau blühende Arten, siehe Seite 83. Ausführliche Beschreibung siehe bei der gelben Blütenfarbe.)

Foto: Ursula Tinner

Hier die Weiße Lupine.

Klee

⊕ bis ⊕⊕

Trifolium spec.

Schmetterlingsblütler

(Die Pflanze blüht auch rot, siehe Seite 72. Ausführliche Beschreibung siehe dort.)

Weiß- und Rotklee unterscheiden sich nicht nur durch die Blütenfarbe, sondern auch durch die Wuchsform. Der Weißklee wächst kriechend, der Rotklee aufrecht.

Weitere, für Pferde nur leicht giftige oder seltene Giftpflanzen in dieser Kategorie:

Geißblatt (Lonicera spec.) ⊕

Hier das Waldgeißblatt. (Die Pflanze blüht auch gelb, siehe Seite 61, und es gibt auch eine rot blühende Art, siehe Seite 73.)

Weiße Doldenblütler

Gefleckter Schierling

Conium maculatum

Doldengewächse

Bestimmungsmerkmale: Die weißen Blüten des Gefleckten Schierlings haben fünf Blütenblätter und stehen in Dolden, die aus sieben bis 15 Strahlen bestehen. Am Grund der Dolden sitzen zahlreiche Hüllblättchen. Die Pflanze blüht von Juni bis August und entwickelt graugrüne bis bräunliche, gekerbte Früchte. Die Laubblätter sind zwei- bis dreifach gefiedert, ihre Oberseite ist dunkelgrün, die Unterseite graugrün gefärbt. Die einzelnen Blattabschnitte sind grob gezähnt. Der Stängel des Gefleckten Schierlings ist hohl, fein gerillt und bläulich bereift, im unteren Bereich ist er rot gefleckt. Die Pflanze wird 1 bis 2 Meter hoch. Eine Unterscheidung des Gefleckten Schierlings von anderen Doldengewächsen ist für den Laien recht schwierig. Er ist zum Beispiel leicht mit dem ungefährlichen Wiesenkerbel zu verwechseln.

Standort und Verbreitung: Der Gefleckte Schierling wächst auf Brachland, an Wegen, auf Äckern und auch in Gärten. Er braucht stickstoffhaltigen, feuchten Lehmboden. Man findet ihn in Mittel- und Südeuropa, bis nach Südskandinavien.

Giftstoffe, Wirkung und Symptome: Die gesamte Pflanze enthält das stark giftige Alkaloid Coniin, besonders hoch ist die Konzentration in den Früchten. Die Giftstoffe sollen im Heu unwirksam sein. Etwa acht Stunden nach Giftaufnahme ist der Pflanzengeruch im Atem und im Urin wahrnehmbar. Die Symptome einer Vergiftung sind Pupillenerweiterung, tränende Augen, allgemeine Unruhe, erst verlangsamter, dann erhöhter Puls, Magen-Darm-Entzündung mit Krämpfen, verstärkter Harndrang, Zittern der Muskeln, aufsteigende Lähmung bis zum Erreichen der Atmung, schließlich Tod durch Atemlähmung.

Gefährliche Menge: Die tödliche Dosis für Pferde liegt bei 3 bis 5 Kilogramm des frischen Krauts.

Neben den Dolden ist der im unteren Bereich rot gefleckte Stiel ein Erkennungsmerkmal des Gefleckten Schierlings, das jedoch nicht alle Pflanzen aufweisen.

Hundspetersilie

Aethusa cynapium
Doldengewächse

Bestimmungsmerkmale: Die Hundspetersilie trägt Doldenblüten, die aus 10 bis 20 Strahlen bestehen. An der Außenseite der Döldchen hat die Pflanze drei nach unten gerichtete Hüllblätter. Die Blütenblätter sind etwa 1 Millimeter lang. Der Stängel ist kantig und oft schmutzig rot überlaufen. Die Blätter der Hundspetersilie glänzen an ihrer Oberfläche und sind zwei- bis dreifach gefiedert. Die Pflanze wird bis zu 1 Meter hoch und blüht von Juni bis Oktober.

Wird die Hundspetersilie mit der Gartenpetersilie verwechselt, kann das schwere Vergiftungen zur Folge haben. Die Hundspetersilie wird erheblich größer als die Gartenpetersilie, auch hat sie keinen so angenehmen Geruch (riecht fast knoblauchähnlich). Der Geschmack der Hundspetersilie ist scharf und brennend. Verwechslungen mit der Wilden Möhre sind ebenfalls schon vorgekommen.

Standort und Verbreitung: Die Pflanze wächst auf Lehmboden, an Wegen und Äckern, sowie auf Schuttplätzen. Sie braucht stickstoffhaltigen Boden. Man findet sie zerstreut in ganz Europa.

Giftstoffe, Wirkung und Symptome: Die Hundspetersilie enthält unter anderem das Alkaloid Aethusin, das mit dem im Schierling enthaltenen Coniin vergleichbar ist. Die Vergiftung verläuft daher ähnlich wie beim Schierling. Eine Vergiftung erkennt man an Speichelfluss, Unlust zum Fressen sowie Magen-Darm-Beschwerden mit Durchfall. Der Puls ist zuerst verlangsamt, dann erhöht. Es kommt zu aufsteigender Lähmung bis zum Erreichen der Atmung, schließlich zum Tod durch Atemlähmung.

Gefährliche Menge: Vermutlich wirkt erst eine größere Menge, man spricht von 10 Kilogramm, tödlich. Trotzdem sind tödliche Vergiftungen bei Pferden nicht auszuschließen.

Die Hundspetersilie wächst gern auf lehmigen Böden an Weg- und Ackerrändern.

Wasserschierling

Cicuta virosa
Doldengewächse

Bestimmungsmerkmale: Die doldenförmig angeordneten Blüten des Wasserschierlings sind weiß und haben fünf Blütenblätter. Die Dolde besteht aus 15 bis 20 Strahlen, die Blütezeit erstreckt sich von Juli bis August. Die sich im August bis September entwickelnden Früchte sind eiförmig bis rund, gelblich braun und etwa 3 Millimeter breit. Die Laubblätter des Wasserschierlings sind zwei- bis dreifach gefiedert, die Fiedern haben eine lanzettliche Form und ihr Rand ist gesägt. Der hohle Stängel weist außen feine Rillen auf. Die Pflanze kann 60 bis 150 Zentimeter hoch werden. Der dicke Wurzelstock hat im Inneren quer liegende Kammern, an denen er leicht zu erkennen ist. Zerschneidet man den Wasserschierling, tritt ein gelblicher, sellerieartig riechender Saft aus, der sich an der Luft orangegelb und später braun verfärbt. Die gesamte Pflanze duftet aromatisch. Eine große Gefahr ist die Verwechslung des Wasserschierlings mit anderen, essbaren Doldengewächsen wie Kerbel, Pastinaken, Sellerie- und Petersilienwurzeln.

Standort und Verbreitung: Der Wasserschierling wächst in langsam fließenden und stehenden Gewässern wie Tümpeln und Teichen. Er ist kalkscheu und bevorzugt torfigen, sauren Boden. Sein Verbreitungsgebiet ist Nord- und Mitteleuropa.

Giftstoffe, Wirkung und Symptome: Vorwiegend in der Wurzel, aber auch in den anderen Teilen der Pflanze findet man das hochgiftige Cicutoxin. Zeichen für eine Vergiftung sind vermehrter Speichelfluss, Anstieg der Körpertemperatur, Erregung, Zähneknirschen und erweiterte Pupillen. Die betroffenen Tiere sondern vermehrt Harn und Kot ab, sie leiden unter Gleichgewichtsstörungen, starken Krämpfen sowie erhöhter Atmung und erhöhtem Herzschlag. Bei entsprechend starker Vergiftung, beim Pferd reicht dazu beispielsweise ein Wurzelstück aus, sterben die Tiere an Atemlähmung.

Gefährliche Menge: Einige Wurzelknollen können bereits tödlich wirken.

Den tödlich giftigen Wasserschierling findet man vor allem in stehenden Gewässern.

Wasserfenchel

Oenanthe aquatica
Doldengewächse

Bestimmungsmerkmale: Die weißen Blüten des Wasserfenchels stehen in acht- bis zwölfstrahligen Dolden und haben fünf Blütenblätter. Die Laubblätter sind zwei- bis fünffach gefiedert, und der Stängel ist hohl, fein gerillt und nicht gefleckt. Die Pflanze riecht scharf und aromatisch. Sie wird 30 bis 150 Zentimeter hoch und blüht von Juli bis August.

Standort und Verbreitung: Der Wasserfenchel wächst in stehenden und fließenden Gewässern, in Röhricht, in Gräben und Tümpeln bis zu einer Wassertiefe von 1 Meter. Er ist fast in ganz Europa verbreitet.

Giftstoffe, Wirkung und Symptome: Die Pflanze enthält Oenanthotoxin. Vergiftungssymptome sind Pupillenerweiterung, Speichelfluss, Erregung, Magen-Darm-Beschwerden, Verstopfung, Zittern sowie erhöhte Atem- und Herzfrequenz. Nach Durchfall erholen sich die Tiere gewöhnlich wieder.

Gefährliche Menge: 250 Gramm der frischen Wurzel gelten als tödlich für Pferde.

Blütezeit des Wasserfenchels ist von Juli bis August.

Herkulesstaude

Heracleum mantegazzianum

Doldengewächse

Bestimmungsmerkmale: Die Herkulesstaude, auch Riesenbärenklau genannt, ist ihrer Größe wegen eine kaum zu verwechselnde Pflanze. Sie wird gewöhnlich 2,5 bis 3,5 Meter hoch, kann aber auch noch größer werden. Ihre weißen Blüten stehen in Dolden, die bis zu 50 Zentimeter Durchmesser erreichen. Der circa 10 Zentimeter dicke Stängel ist rotfleckig, und die Laubblätter sind dreizählig. Die Pflanze blüht von Juni bis September. Ähnlich im Aussehen und in der Wirkung ist der Wiesenbärenklau *(Heracleum spondylium)*, er wird aber nur circa 120 Zentimeter hoch.

Standort und Verbreitung: Die Herkulesstaude stammt ursprünglich aus dem Kaukasus, aber man findet sie auch bei uns immer häufiger verwildert an Wald- und Wegrändern. Sie ist mittlerweile fast in ganz Europa verbreitet, bis nach Skandinavien. Es ist sehr wichtig, die Ausbreitung der Herkulesstaude einzudämmen, da sie durch ihre große Blattmasse und rasante Vermehrung die heimische Flora schädigen kann.

Giftstoffe, Wirkung und Symptome: Die gesamte Pflanze und vor allem der Saft enthalten Furocumarine. Dieser Giftstoff wirkt bei gleichzeitiger Sonnenbestrahlung entzündlich auf die Haut. Durch Lichteinwirkung kommt es zu starken Hautentzündungen mit Rötungen und Blasen, auch zu Schleimhautreizungen im Maul und im Darm. Die Pflanze wirkt auf den Menschen deutlich giftiger als auf Pferde. Fassen Sie die Herkulesstaude nicht mit bloßen Händen an.

Gefährliche Menge: Nicht bekannt, aber eine einfache Berührung mit dem Saft reicht für eine Entzündung aus.

Ihre beeindruckende Größe macht die Herkulesstaude nahezu unverwechselbar.

Weitere, für Pferde nur leicht giftige oder seltene Giftpflanzen in dieser Kategorie:

Zwergholunder (Sambucus ebulus)

Die Pflanze wächst an Waldrändern und im Wald. Bei Aufnahme größerer Mengen sind Schwindel, Pupillenerweiterung und Herzbeschwerden möglich.

Gelbe Blüten mit bis zu fünf Blütenblättern

Schwarzes Bilsenkraut

Hyoscyamus niger
Nachtschattengewächse

Bestimmungsmerkmale: Das Schwarze Bilsenkraut ist zottig, klebrig behaart und wird 30 bis 60 Zentimeter hoch. Seine Blüten stehen in den Achseln der Blätter und sind immer nach einer Seite gewandt. Sie haben eine schmutzig gelbe Farbe und sind violett geadert. Der Blütenschlund und auch die Staubbeutel sind meist ebenfalls violett gefärbt; selten erscheinen die Blüten in reinem Gelb. Die Pflanze blüht von Juni bis Oktober und entwickelt in einer eiförmigen Frucht circa 200 kleine graubraune Samen. Die buchtig gezähnten Laubblätter haben unten an der Pflanze Stiele und sitzen oben stängelumfassend. Das Bilsenkraut riecht stark aromatisch.

Standort und Verbreitung: Man findet die Pflanze auf Wegen, an Mauern und auf Schuttplätzen; sie braucht sehr stickstoffhaltigen Boden. Bilsenkraut wächst in ganz Europa, ist aber relativ selten zu finden.

Die violette Aderung ist typisch für die Blüten des Schwarzen Bilsenkrauts.

Giftstoffe, Wirkung und Symptome: Das Bilsenkraut enthält das stark giftige (S)-Hyoscyamin und Scopolamin. Diese Giftstoffe finden sich auch in der Tollkirsche und im Stechapfel. Die höchste Wirkstoffkonzentration ist in den Samen enthalten. Vergiftungssymptome sind schnelle Atmung, Erweiterung der Pupillen, starker Durst, Verstopfung, Lähmung von Gliedern und Tobsucht. Die Tiere sind stark benommen. Da die Pflanze einen intensiven Geruch und Geschmack hat, nehmen Pferde oft Abstand von ihr, weshalb starke Vergiftungen eher selten sind.

Gefährliche Menge: Für Pferde liegt die tödliche Dosis bei circa 300 Gramm der frischen Pflanze.

§ Tollkirsche

Atropa belladonna
Nachtschattengewächse
(Die Pflanze blüht auch braunviolett, siehe Seite 62. Ausführliche Beschreibung siehe dort.)

Die Blüten der Tollkirsche werden bis zu 3 Zentimeter groß. Die gelbe Blütenfarbe ist selten.

§ Bauerntabak

Nicotiana rustica
Nachtschattengewächse
(Es gibt auch rot blühende Arten, siehe Seite 64. Ausführliche Beschreibung siehe dort.)

Tabak stammt ursprünglich aus Südamerika und wird bei uns als Kulturpflanze angebaut.

Raps

Brassica napus
Kreuzblütler

Bestimmungsmerkmale: Raps blüht bekanntermaßen gelb. Seine vierblättrigen Blüten stehen am Ende des Stängels in einem traubigen Blütenstand. Die Blütezeit ist gewöhnlich April bis Mai. Die Blätter sitzen oberhalb der Pflanze stängelumfassend, die unteren Blätter sind fiederteilig. Raps wächst bis zu 1,5 Meter hoch.

Standort und Verbreitung: Raps wird auf Äckern als Kulturpflanze (Rapsöl) angebaut, manchmal findet man ihn auch verwildert.

Giftstoffe, Wirkung und Symptome: Giftig sind vermutlich alle Pflanzenteile, besonders aber die Samen und Rückstände vom Ölpressen. Eine Vergiftung zeigt sich in Fressunlust, starkem Durst, Schleimhautentzündungen im Maul, verstärktem Harndrang (braun/rot verfärbter Urin), Koliken, Blähungen und auch Atemnot. Es sollen Todesfälle bekannt sein. Bei stärkerer Vergiftung taumeln die Pferde und wandern im Kreis, sie können auch erblinden. Keine gute Idee ist es somit, Pferdeboxen mit Rapsstroh einzustreuen. Auf Rapsöl sollte man auch verzichten, besser ist Leinöl.

Gefährliche Menge: nicht bekannt

Raps ist bei uns eine häufige Kulturpflanze.

Die hier gezeigte Zypressen-Wolfsmilch ist eine der häufigsten Wolfsmilch-Arten.

Die Blüten des Schöllkrauts stehen in Dolden.

Wolfsmilch

Euphorbia spec.
Wolfsmilchgewächse
(Es gibt auch grün blühende Arten, siehe Seite 85. Ausführliche Beschreibung siehe dort.)

Schöllkraut

Chelidonium majus
Mohngewächse

Bestimmungsmerkmale: Das Schöllkraut hat gelbe Blüten, die zu zwei bis sechs Stück in Dolden stehen. Die Blüten bestehen aus vier Blütenblättern sowie zahlreichen Staubgefäßen und werden 1 bis 2 Zentimeter groß. Der Stängel der Pflanze ist hohl und mit abstehenden Haaren besetzt, die Laubblätter sind fiederteilig und die Einzelblättchen gelappt. Das Schöllkraut wird 30 bis 80 Zentimeter hoch und blüht von Mai bis September. Die gesamte Pflanze führt einen gelben Milchsaft.

Standort und Verbreitung: Das Schöllkraut wächst an Mauern, Wegen, Schuttplätzen und an Waldrändern auf stickstoffhaltigem Boden. Die Pflanze ist in ganz Europa verbreitet.

Giftstoffe, Wirkung und Symptome: Schöllkraut enthält verschiedene Alkaloide, unter anderem das Chelerythrin. Aufgrund des schlechten Geschmacks der Pflanze kommen Vergiftungen bei Tieren kaum vor. Falls doch, zeigen sie sich durch Brennen im Maul und Rachen, es folgen starker Harndrang, Magen-Darm-Entzündungen, Benommenheit, Krämpfe, Verlangsamung des Herzschlags, der Blutdruck fällt ab; auch kann es zu Lähmungen kommen.

Gefährliche Menge: Erste Vergiftungsanzeichen wie starker Harndrang treten beim Pferd nach der Aufnahme von 500 Gramm des Krauts auf.

Johanniskraut

Hypericum perforatum
Johanniskrautgewächse

Bestimmungsmerkmale: Das Johanniskraut trägt goldgelbe Blüten mit schwarzen Punkten oder Strichen, die in einer rispigen Scheindolde stehen. Die Blüten verfärben sich rot, wenn man sie zwischen den Fingern verreibt. Die Blätter sind elliptisch eiförmig. Der Stängel ist zweikantig, dies kommt im Pflanzenreich selten vor. Die Pflanze wird bis zu 60 Zentimeter hoch und blüht von Juni bis September.

Standort und Verbreitung: Johanniskraut wächst auf feuchten Wiesen, an Wald- und Wegrändern und an Ufergebüschen. Es ist in ganz Europa verbreitet.

Giftstoffe, Wirkung und Symptome: Johanniskraut enthält unter anderem Hypericin, Hyperosid, ätherisches Öl, Gerbstoffe. Der Wirkstoff Hypericin bewirkt bei hellen Pferden, die anschließend dem Licht ausgesetzt sind, entzündliche Rötungen der Haut, der Lider, der Nüstern sowie Geschwüre. Dies nennt man Fotosensibilisierung. Auch die Lippen können anschwellen. Weitere Vergiftungssymptome sind Unruhe, Appetitlosigkeit, die Tiere taumeln auch und manchmal leiden sie unter Krämpfen. Bei schwerer Vergiftung sind Todesfälle möglich. Auch getrocknete Pflanzen bleiben giftig.

Gefährliche Menge: Möglicherweise 0,5 Prozent des Körpergewichts, bei einem 500 Kilo schweren Pferd also etwa 2,5 Kilo.

Die gelben Blüten des Johanniskrauts weisen schwarze Pünktchen oder kleine Striche auf.

Hahnenfuß

Ranunculus spec.
Hahnenfußgewächse

Bestimmungsmerkmale: Zu den giftigen Hahnenfußarten gehören Scharfer Hahnenfuß *(R. acris)*, Brennender Hahnenfuß *(R. flammula)*, Knollenhahnenfuß *(R. bulbosus)* und Gifthahnenfuß *(R. sceleratus)*. All diesen Arten gemeinsam sind die goldgelben Blüten mit ihren fünf Blütenblättern.

Der Scharfe Hahnenfuß hat handförmige Grundblätter, die fünf- bis siebenfach geteilt sind. Sein Stängel ist meist leicht behaart. Die Pflanze wird 30 bis 80 Zentimeter hoch und blüht von Mai bis September.

Der Brennende Hahnenfuß besitzt ungeteilte, lanzettliche Blätter. Sein Stängel ist dick und erreicht eine Höhe von 15 bis 50 Zentimetern. Er blüht von Juli bis Oktober.

Der Knollenhahnenfuß hat einen an seiner Unterseite verdickten Stängel und dreizählige, mitunter auch doppelt dreizählige, lang gestielte Blätter. Die Kelchblätter (unterhalb der Blüte) sind zurückgeschlagen und liegen am Stängel an. Die Pflanze wird 15 bis 30 Zentimeter hoch und blüht von Mai bis Juli.

Der seltene Gifthahnenfuß schließlich hat im Vergleich zu seinen Artgenossen recht kleine, nur etwa 1 Zentimeter große Blüten. Die Blätter sind fleischig, wovon die unteren dreiteilig und die oberen ungeteilt sind und eine lanzettliche Form haben. Der Stängel ist hohl und längsfurchig. Die Pflanze ist, je nach Standort, in der Höhe sehr variabel. Sie wird 10 bis 100 Zentimeter groß. Der Gifthahnenfuß blüht von Mai bis September.

Standort und Verbreitung: Scharfer Hahnenfuß wächst auf Wiesen und Weiden sowie auf feuchtem und stickstoffhaltigem Lehmboden. Er bildet auf Weiden Inseln, da er vom Vieh nicht gefressen wird.

Brennender Hahnenfuß braucht nasse, teilweise überschwemmte Böden. Er ist daher an Ufern, Seen und Mooren anzutreffen. Sein Vorkommen ist zerstreut.

Knollenhahnenfuß wächst auf trockenen, kalkhaltigen Wiesen und auf Lehmboden.

Gifthahnenfuß wächst an Tümpeln, Teichen und an langsam fließenden Gewässern.

Giftstoffe, Wirkung und Symptome: Hahnenfuß enthält hauptsächlich die Giftstoffe Ranuncilin und Protoanemonin. Letzterer wirkt stark reizend auf Haut und Schleimhäute. Hahnenfuß ist frisch und in größeren Mengen giftig für Pferde. Getrocknet verliert das Gift seine Wirkung. Die Vergiftungssymptome sind starkes Speicheln, Entzündungen der Mundschleimhäute mit Schluckbeschwerden, Ausfluss aus der Nase. Weiterhin kann es zu Magen-Darm-Beschwerden mit Durchfall kommen, aber auch zu Störungen des Nervensystems und zur Tobsucht.

Gefährliche Menge: Die tödliche Menge ist nur für Rinder bekannt (ab etwa 20 Kilo). Die Menge, die bei Pferden zu ersten Vergiftungserscheinungen führt, liegt deutlich darunter.

Gemeinsames Merkmal der hier beschriebenen giftigen Hahnenfußarten sind die gelben, fünfblättrigen Blüten. Hier abgebildet ist der Scharfe Hahnenfuß.

Weitere, für Pferde nur leicht giftige oder seltene Giftpflanzen in dieser Kategorie:

Mistel (Viscum album)

Erschwertes Atmen und Taumeln sind möglich. Da Misteln auf Bäumen wachsen, kommen Pferden nur selten heran.

Tomate
(Lycopersicum esculentum)

Das Kraut und die unreifen Früchte sind leicht giftig.

Sumpfdotterblume
(Caltha palustris)

Blutiger Harn, Nierenentzündungen und Bewegungsstörungen möglich.

Gelbes Windröschen
(Anemone ranunculoides)

Die Giftwirkung ähnelt der des Buschwindröschens, siehe Seite 34.

Gelbe Blüten mit mehr als fünf Blütenblättern

Jakobskreuzkraut, Jakobsgreiskraut
Senecio jacobaea
Korbblütler

Frühlingskreuzkraut, Frühlingsgreiskraut
Senecio vernalis
Korbblütler

Schmalblättriges Kreuzkraut, Schmalblättriges Greiskraut
Senecio inaequidens
Korbblütler

Bestimmungsmerkmale: Bei uns kommen circa 30 Kreuzkrautarten vor, von denen die drei hier abgebildeten die häufigsten sind und daher stellvertretend näher beschrieben werden sollen.

Jakobskreuzkraut: Das Jakobskreuzkraut wächst 30 bis 170 Zentimeter hoch und trägt gelbe Blütenkörbchen mit meist 13 Zungenblüten und einigen Röhrenblüten, die in aufrechten Doldentrauben stehen. Die Stängelblätter der blühenden Pflanzen haben schmale, lanzettlich geformte und gezähnte Fiederblätter (ein Blatt besteht aus mehreren getrennten Blättchen); die einjährigen Blattrosetten haben diese Fiederblätter noch nicht, ihre Blätter sind gebuchtet. Der Stängel ist oft rötlich braun überlaufen. Blütezeit ist Juli bis Oktober.

Die mittlerweile wohl bekannteste Kreuzkrautart: das Jakobskreuzkraut.

Das Frühlingskreuzkraut ist jung wollig behaart, später kahl.

Frühlingskreuzkraut: Frühlingskreuzkraut hat ebenfalls gelbe Blütenkörbchen mit meist 13 Zungenblüten sowie zahlreichen Röhrenblüten. Blütezeit ist April bis November. Die Blätter umfassen leicht den Stängel. Die Pflanze ist jung wollig behaart, später kahl.

Schmalblättriges Kreuzkraut: Die Blüten sind auch gelb und haben 10 bis 15 Zungenblüten, die Blätter sind wechselständig und sehr schmal. Blütezeit ist Juli bis Dezember.

Die getrockneten Stängel des Kreuzkrauts sind im Heu nur schwer zu erkennen, manchmal kann man das Jakobskreuzkraut anhand seiner rot gefärbten Stängel identifizieren, es gibt aber auch getrocknete Pflanzen, die die gleiche Farbe wie das Heu haben.

Achtung!
Aus Unkenntnis wurde das Kraut sogar von Straßenmeistereien an Wegrändern ausgesät. Fördermaßnahmen der EU für Ackerbrachflächen haben ebenfalls zur Verbreitung beigetragen; möglicherweise spielt auch der Klimawandel eine Rolle. Es ist dringend notwendig, gegen die Ausbreitung dieser für Tier und Mensch giftigen Pflanze vorzugehen. Hierzu gibt es mehrere Möglichkeiten, über die Sie im Kapitel „Bekämpfung" mehr erfahren.

Standort und Verbreitung: Das Jakobskreuzkraut wächst an Wegen und Rainen, man findet es auch an Waldrändern sowie unter Gebüschen und vermehrt auf Brachflächen und stillgelegten Industrieflächen. Die Pflanze bevorzugt lehmige Tonböden mit mäßigem Stickstoffgehalt.

Das Schmalblättrige Kreuzkraut sieht man häufig am Rand von Autobahnen.

Das Frühlingskreuzkraut bevorzugt kalkarme Böden und wächst an Wegen, Äckern und auf Kleewiesen.

Das Schmalblättrige Kreuzkraut ist vielfach an Autobahnen und Bahnstrecken zu finden.

Giftstoffe, Wirkung und Symptome: Die Kreuzkräuter enthalten Pyrrolizidinalkaloide, vor allem Jacobin und Senecionin. In Blüten und Jungpflanzen ist die Giftstoffkonzentration am höchsten. Offensichtlich sind es aber nicht die Alkaloide selbst, die direkt toxisch wirken, sondern es erfolgt vielmehr mittels Enzymen in der Leber eine Umwandlung der Alkaloide zu den eigentlichen Giftstoffen. Vergiftungen können nicht nur bei Tieren auftreten. Über die Nahrungskette können die Alkaloide in Lebensmittel gelangen, und es ist anzunehmen, dass sie dort auch für den Menschen ein gesundheitliches Risiko darstellen.

Kreuzkräuter sind stark giftig für Pferde. Nicht nur das Fressen der frischen Pflanze führt zu Vergiftungen. Die Alkaloide behalten auch nach dem Trocknen ihre Wirkung. Im Heu oder in der Silage sind Kreuzkräuter am gefährlichsten, denn dort schmecken sie nicht mehr bitter und die Pferde fressen sie einfach mit. Verlassen Sie sich aber auch nicht darauf, dass die Tiere frische Pflanzen meiden. Das ist sicher die Regel, aber es sind auch Fälle bekannt, in denen Pferde frisches Kreuzkraut gefressen haben.

Da sich die Abbauprodukte der Alkaloide in der Leber anreichern, kommt es nicht nur bei einmaliger Aufnahme einer größeren Menge zur Vergiftung, sondern es reicht aus, wenn die Pflanze frisch oder getrocknet in kleinen Portionen über einen längeren Zeitraum gefressen wird. Eine Vergiftung kann sich bereits nach wenigen Tagen zeigen, manchmal aber auch erst nach mehreren Monaten. Betroffene Tiere leiden an der sogenannten Seneziose oder „Schweinsberger Krankheit", die sich durch Magen-Darm-Beschwerden, blutigen Durchfall, Verstopfung, Krämpfe und schwere Leberschädigung äußert und schließlich zum Tod führt. Weitere mögliche Symptome sind Appetitlosigkeit, häufiges Gähnen, beschwerliches Atmen, Gewichtsverlust, Lecksucht und Erblinden. Manche Pferde zeigen auch ein als „Walking Disease" bezeichnetes Krankheitsbild: Sie irren ziellos umher, dabei taumeln sie und lassen die Hufe schleifen. Diese Pferde werden regelrecht wahnsinnig, laufen gegen Wände und Zäune und sind oft nicht zu bändigen. Eine Heilung beim Walking Disease ist nicht möglich, es bleibt nur die Erlösung des Tieres. Bei leichteren oder schnell erkannten Vergiftungsfällen können Magenspülungen in der Tierklinik helfen.

Gefährliche Menge: Sie ist von Pferd zu Pferd verschieden. Für ein kleines Pony kann die tödliche Menge bereits nach Aufnahme von 4 Kilogramm frischem oder 0,5 Kilogramm getrocknetem Kreuzkaut erreicht sein. Bei Kleinpferden ist von 14 Kilogramm frischen beziehungsweise 2 Kilogramm getrockneten und bei Großpferden von 20 Kilogramm frischen beziehungsweise 3 Kilogramm getrockneten Pflanzen auszugehen.

Weißer Germer

Veratrum album

Einbeerengewächse

(Die Pflanze blüht auch weiß, siehe Seite 32, und grün, siehe Seite 88. Ausführliche Beschreibung siehe bei der weißen Blütenfarbe.)

Typisch für den Weißen Germer sind neben den in Rispen stehenden Blüten die elliptischen Blätter mit den auffälligen Bogennerven.

Weitere, für Pferde nur leicht giftige oder seltene Giftpflanzen in dieser Kategorie:

Adonisröschen
(Adonis spec.)

Diese sehr seltene Pflanze führt zu Durchfall, Kolik und Herzrhythmusstörungen. Sie ist auch im Heu noch giftig.

Krokus (Crocus spec.)

(Die Pflanze blüht auch weiß, siehe Seite 36, und violett, siehe Seite 79.)

Osterglocke (Narcissus spec.)

Bei Aufnahme größerer Mengen dieser beliebten Gartenpflanze sind Untertemperatur und Herzrhythmusstörungen möglich.

Schwertlilie (Iris spec.)

*Am bekanntesten ist die hier gezeigte Gelbe Schwertlilie (*Iris pseudacorus*). (Es gibt auch violett blühende Arten, siehe Seite 79.)*

Trollblume (Trollius europaeus)

Die Pflanze kommt in den Bergen vor. Bei Aufnahme größerer Mengen sind Kreislaufstörungen und Fieber möglich.

Tulpe (Tulipa spec.)

(Tulpen gibt es in verschiedensten Farben. Sehr häufig ist auch Rot, siehe Seite 89.)

Zweiseitig symmetrische gelbe Blüten

Eisenhut

Aconitum spec.
Hahnenfußgewächse
(Es gibt auch blau blühende Arten, siehe Seite 80. Ausführliche Beschreibung siehe dort.)

Ein gelb blühender Verwandter des Blauen Eisenhuts ist der hier gezeigte Wolfs-Eisenhut.

Fingerhut

Digitalis spec.
Wegerichgewächse
(Es gibt auch eine Art die weiß, siehe Seite 37, und rot, siehe Seite 70, blüht. Ausführliche Beschreibung siehe bei der roten Blütenfarbe.)

Steinklee

Melilotus spec.
Schmetterlingsblütler
(Es gibt auch eine weiß blühende Sorte, siehe Seite 37.)

Bestimmungsmerkmale: Bei uns kommen mehrere Steinklee-Arten vor. Am weitesten verbreitet sind der Echte Steinklee (*Melilotus officinalis*) und der Weiße Steinklee (*Melilotus albus*). Die Pflanze wird bis zu 1,5 Meter hoch. Sie trägt dreiteilige gestielte Blätter, wobei die Einzelblättchen eine breite lanzettliche Form haben und am Rand gezähnt sind. Die kleinen gelben oder weißen Blüten stehen in Trauben, die Blütezeit ist Mai bis September.

Standort und Verbreitung: Steinklee findet man in ganz Europa, an Wegrändern, am Rand von Äckern und auf Schuttplätzen.

Giftstoffe, Wirkung und Symptome: Steinklee enthält Cumaringlycoside, unter anderem das Melilotosid. Beim Trocknen der Pflanze wandelt sich das Melilotosid in Cumarin um.

Der Großblütige Fingerhut hat gelbe Blüten.

Dieser Stoff findet sich auch im Waldmeister, wodurch getrockneter Steinklee nach Waldmeister riecht. Schimmelpilze wandeln das Cumarin in Dicoumarol um. Unter der Einwirkung von Schimmelpilzen ist Steinklee somit auch im Heu giftig. Die Giftwirkung kann über mehrere Jahre anhalten. Vergiftungen beim Pferd zeigen sich durch Einblutungen in die Haut und in die Schleimhäute, bedingt durch eine Hemmung der Blutgerinnung. Außerdem kommt es zu Blutarmut, schneller Atmung und Anstieg der Herzfrequenz. Weitere Symptome sind Magen-Darm-Beschwerden und blutiger Urin; auch Fehlgeburten sind möglich.

Gefährliche Menge: 40 Gramm reines Cumarin sind tödlich, das entspricht etwa 4 bis 5 Kilogramm der frischen Pflanzen.

Lupine

Lupinus spec.

Schmetterlingsblütler

(Es gibt auch weiß blühende Arten, siehe Seite 39, rot blühende Arten, siehe Seite 73, und blau blühende Arten, siehe Seite 83.)

Bestimmungsmerkmale: Die Schmetterlingsblüten der Lupinen stehen in 30 bis 50 Zentimeter langen Trauben, ihre Blütenfarbe ist je nach Art verschieden. So unterscheiden wir zwischen der Gelben Lupine (*Lupinus luteus*), der Weißen Lupine (*L. albus*) und der Vielblättrigen Lupine (*L. polyphyllus*), die blau und als Zuchtform auch rot blüht. Die Laubblätter sind fingerförmig und bestehen aus fünf bis zwölf lanzettlichen Teilblättchen. Die Samen reifen in behaarten, eingeschnürten

Die Abbildung zeigt den gelb blühenden Echten Steinklee.

Lupinen, hier die Gelbe Lupine, werden meist gezielt angepflanzt.

Hülsen heran und haben einen bitteren Geschmack. Lupinen werden bis 150 Zentimeter hoch und blühen von Juni bis August.

Standort und Verbreitung: Sie wachsen als Zierpflanzen und werden auch als Wildfutter angepflanzt. Lupinen dienen der Bodenverbesserung und werden aus diesem Grund auch untergepflügt. Gelegentlich sieht man die Pflanzen verwildert wachsen.

Giftstoffe, Wirkung und Symptome: Die höchste Giftkonzentration, es handelt sich unter anderem um ein Alkaloidgemisch aus Lupanin, Lupinin, Spartein und Anagyrin, befindet sich in den Samen. Den höchsten Gehalt haben die Weiße und die Gelbe Lupine. Symptome sind Zittern und Unruhe, die Tiere sondern sich von der Herde ab und haben Schaum vor dem Maul. Die Schleimhäute färben sich bläulich und die Atmung ist erschwert. Es kommt weiterhin zu einer erhöhten Ausscheidung von Harn, zu Schüttelkrämpfen, Blutarmut und Gelbsucht. Der Tod tritt durch Koma und Atemlähmung ein, was erst nach Wochen erfolgen kann, in akuten Fällen aber schon nach wenigen Stunden. Letzteres wird als Lupinismus bezeichnet.

Gefährliche Menge: Nicht bekannt, möglicherweise reichen schon geringe Mengen für eine Vergiftung aus.

Weitere, für Pferde nur leicht giftige oder seltene Giftpflanzen in dieser Kategorie:

Geißblatt
(Lonicera spec.)

Hier das in unseren Wäldern recht häufige Waldgeißblatt. (Die Pflanze blüht auch weiß, siehe Seite 40, und es gibt außerdem eine rot blühende Art, siehe Seite 73.)

Wiesenplatterbse
(Lathyrus pratensis)

Aufregung, Schweißausbrüche, Schwäche, Gang- und Atemprobleme sind möglich. (Es gibt auch rot blühende Arten, siehe Seite 73, und violett blühende Arten, siehe Seite 83.)

Rote/braune Blüten mit bis zu fünf Blütenblättern

Tollkirsche

Atropa belladonna
Nachtschattengewächse
(Die Pflanze blüht auch gelb, siehe Seite 48.)

Bestimmungsmerkmale: Die Tollkirsche trägt glockige, außen braunviolette und innen gelbgrün gefärbte Blüten mit fünf Blütenblättern. Gelbe Blüten sind möglich, aber selten. Die Blüten werden bis zu 3 Zentimeter groß und stehen einzeln zwischen den oberen Laubblättern. Diese sind eiförmig und in den Stiel herablaufend. Es stehen meist ein kleines und ein großes Blatt zusammen. Die Pflanze wird bis zu 150 Zentimeter hoch. Die Tollkirsche blüht von Juni bis August, danach bildet sie ihre schwarzen, glänzenden, kirschgroßen Beeren. Insbesondere Kinder sollte man auf die Unterschiede zwischen einer echten Kirsche und einer Tollkirsche aufmerksam machen. Die essbare Kirsche hat einen Stein, während in der Tollkirsche einzelne Samen sitzen. Weiterhin hängt die essbare Kirsche an langen dünnen Stielen und hat keinen ansitzenden Kelch. Die Tollkirsche hingegen sitzt an einem recht kurzen, dicken Stiel und hat einen breiten, ansitzenden Kelch.

Der relativ kurze, dicke Stiel und der ansitzende Kelch unterscheiden die Früchte der Tollkirsche deutlich von essbaren Kirschen.

Standort und Verbreitung: Die Tollkirsche gedeiht an warmen Waldrändern, an Kahlschlägen und auf Lichtungen in Laub- und Laubmischwäldern. Sie braucht humusreichen und etwas kalkhaltigen Boden. Man findet sie in Mittel- und Südeuropa, im Norden bis Nordengland, im Osten bis zur Ukraine.

Giftstoffe, Wirkung und Symptome: Die Pflanze enthält die Alkaloide Atropin, (S)-Hyoscyamin und Scopolamin. Das Atropin, das sowohl in der Tollkirsche als auch im Stechapfel vorkommt, ist in Wirklichkeit eine Mischung aus (S)-Hyoscyamin und (R)-Hyoscyamin. Die Vergiftungssymptome sind trockene Schleimhäute, Schluckbeschwerden, Durst, erweiterte Pupillen, Erregung, Sehstörungen, Verstopfung, erhöhte Pulsfrequenz und Atmung, Herzklopfen und Anstieg der Körpertemperatur. Im Fall einer starken Vergiftung kommt es zu Störungen im Bewegungsablauf, zu Tobsuchtsanfällen und letztlich zum Tod durch Atemlähmung.

Gefährliche Menge: 120 Gramm der Blätter wirken bereits giftig, unter Umständen auch schon tödlich.

Krainer Tollkraut, Glockenbilsenkraut

Scopolia carniolica
Nachtschattengewächse

Bestimmungsmerkmale: Das Krainer Tollkraut trägt gewöhnlich braune glockenförmige Blüten, die im April bis Mai erscheinen. Die Blüten stehen einzeln in den Blattachseln, sind gestielt und nickend. Die Blätter sind verkehrt eiförmig und von trübgrüner Farbe. Die Pflanze wächst 30 bis 60 Zentimeter hoch.

Standort und Verbreitung: Man findet das Krainer Tollkraut in Laubwäldern, Gebüschen und an steinigen Abhängen; es hat sein Verbreitungsgebiet in Südosteuropa bis Kärnten, in den Karpaten und in der Ukraine.

Giftstoffe, Wirkung und Symptome: Die ganze Pflanze enthält den Giftstoff (S)-Hyoscyamin, der auch in der Tollkirsche zu finden ist, sowie Spuren weiterer Alkaloide. Der Anteil an (S)-Hyoscyamin ist beim Tollkraut etwa halb so hoch wie bei den Tollkirschenfrüchten. Die Vergiftungserscheinungen beim Tollkraut entsprechen denen der Tollkirsche, also trockene Schleimhäute, Schluckbeschwerden, Durst, erweiterte Pupillen, Erregung, Sehstörungen, Verstopfung, erhöhte Pulsfrequenz und Atmung, Herzklopfen und Anstieg der Körpertemperatur. Im Fall einer starken Vergiftung kommt es zu Störungen im Bewegungsablauf, zu Tobsuchtsanfällen und letztlich zum Tod durch Atemlähmung.

Gefährliche Menge: 180 bis 360 Gramm der frischen Pflanze wirken tödlich.

Das Krainer Tollkraut blüht von April bis Mai.

Virginischer Tabak

Nicotiana tabacum
Nachtschattengewächse
(Es gibt auch eine gelb blühende Art, siehe Seite 48.)

Bestimmungsmerkmale: Der Virginische Tabak ist die bekannteste Tabakpflanze. Er trägt rote, glockenförmige Blüten, die von Juni bis September erscheinen. Die Tabakblätter haben eine ovale, lanzettliche Form und werden unten am Stängel bis zu 50 Zentimeter lang. Der Stängel ist behaart und kann eine Höhe von 3 Metern erreichen.

Standort und Verbreitung: Die Pflanze stammt ursprünglich aus Südamerika und wird, wie auch der ähnliche und ebenfalls giftige Bauerntabak (*Nicotiana rustica*), bei uns angebaut.

Giftstoffe, Wirkung und Symptome: Tiere, die in der Nähe von Tabakfeldern weiden, sind besonders gefährdet. Die Vergiftungssymptome sind zunächst eine Verengung der Pupillen und danach eine Erweiterung, ferner Speichelfluss, Atemnot mit möglicherweise plötzlicher Atemlähmung und Tod. Die Tiere sind erregt, sie leiden unter Magenkrämpfen, Durchfall und Lähmungen. Sie haben einen erhöhten Harndrang und der Herzschlag verlangsamt sich. Es kommt auch zu Muskelschwäche und Muskelzucken. Bei trächtigen Stuten sind Fehlgeburten möglich, zudem gehen die toxischen Wirkstoffe in die Milch von säugenden Stuten über.

Gefährliche Menge: Die tödliche Dosis an getrockneten Tabakblättern liegt für Pferde bei 300 bis 1200 Gramm. Von frischen Blättern wird vermutlich eine größere Menge vertragen.

Tabak ist bei uns eine Kulturpflanze. Gefährdet sind also in erster Linie Pferde, die in direkter Nachbarschaft zu Tabakfeldern weiden.

Auffälliges Merkmal des Gemeinen Beinwells sind neben den Blüten die rauhaarigen Blätter.

Gemeiner Beinwell

✚✚ bis ✚✚✚

Symphytum officinale

Raublattgewächse

(Die Pflanze blüht auch violett, siehe Seite 74. Ausführlichere Beschreibung siehe dort.)

Buchweizen

✚✚

Fagopyrum esculentum

Knöterichgewächse

(Die Pflanze blüht auch weiß, siehe Seite 28.)

Bestimmungsmerkmale: Buchweizen ist eine einjährige Pflanze, die bis zu 60 Zentimeter hoch wird und zum Teil einen roten Stängel hat. Die kleinen Blüten sind rosa oder weiß und tragen fünf Blütenblätter. Die Blätter sind spieß- oder pfeilförmig. Die Blütezeit ist Juli bis Oktober.

Standort und Verbreitung: Die Heimat des Buchweizens ist Mittel- und Ostasien. In Europa wird Buchweizen als Nutzpflanze angebaut. Teilweise ist er auch verwildert.

Giftstoffe, Wirkung und Symptome: Die Pflanze enthält unter anderem Rutin, Chlorogensäure und Fagopyrin und ruft ähnliche Vergiftungssymptome wie das Johanniskraut hervor. Die giftigen Pflanzenteile sind junge Blüten und die Samenschalen. Bei hellen Tieren kommt es zu Hautentzündungen durch fototoxische Wirkung, aber auch bei dunkleren Tieren können an nicht oder wenig durch das Fell geschützten Stellen wie Augenlidern, Lippen und Ohren Entzündungen und Rötungen auftreten. Besondere Gefahr besteht, wenn die Tiere starker Sonne ausgesetzt sind. Auch Leber- und Nervenschädigungen sind möglich. Die ersten Symptome stellen sich gewöhnlich 24 Stunden nach Aufnahme der Pflanze ein. Todesfälle können vorkommen.

Gefährliche Menge: nicht bekannt

Die Blüten des Buchweizens können eher weiß oder eher rosa (wie hier gezeigt) sein.

Kornrade

Agrostemma githago
Nelkengewächse

Bestimmungsmerkmale: Die Kornrade hat rote bis purpurfarbene Blüten mit fünf Blütenblättern. Unter der Blüte sitzt ein bauchiger Kelch, dessen längliche Zipfel die Blüte um mehr als das Doppelte überragen. Der Stängel ist filzig behaart und hat linealförmige Blätter, die sich paarweise gegenüberstehen. Die Pflanze wird 30 bis 100 Zentimeter hoch und blüht von Juni bis Juli.

Standort und Verbreitung: Die Kornrade ist in letzter Zeit sehr selten geworden. In konventionell wirtschaftenden landwirtschaftlichen Betrieben ist eine Vergiftung nahezu ausgeschlossen, nicht so in ökologischen Betrieben. Die Kornrade ist durch Unkrautvernichtungsmittel nahezu ausgerottet worden, kann aber auf ökologisch bewirtschafteten Flächen wieder zunehmen. Sie hat ihre Heimat wahrscheinlich im östlichen Mittelmeergebiet und wurde durch den Getreideanbau in ganz Europa verbreitet. Samen der Kornrade werden in Gärtnereien angeboten, daher ist sie hin und wieder als Zierpflanze anzutreffen, was in gewisser Weise die Art erhält.

Giftstoffe, Wirkung und Symptome: Die Kornrade enthält vorwiegend in den Samen Triterpensaponine. Die Symptome einer Vergiftung sind Durst, Benommenheit, Fressunlust, starker Speichelfluss. Ferner kommt es zu Schleimhautreizung im Maul, zu Zahnfleischentzündungen, Krämpfen, Magen-Darm-Beschwerden, aber auch zu einer Zerstörung der roten Blutkörperchen, wodurch wiederum Leber und Niere geschädigt werden können. Der Tod ist durch Lähmung der Atmung möglich.

Gefährliche Menge: vermutlich gering

Die Kornrade wurde bei uns durch Unkrautvernichtungsmittel nahezu ausgerottet, auf ökologisch bewirtschafteten Flächen kann sie aber durchaus vorkommen.

Hundszunge

Cynoglossum officinale
Borretschgewächse
(Die Pflanze blüht auch violett, siehe Seite 76. Ausführliche Beschreibung siehe dort.)

Sauerampfer

Rumex acetosa
Knöterichgewächse

Bestimmungsmerkmale: Sauerampfer wird bis zu 1 Meter hoch und trägt pfeilförmige Blätter. Die Blüten sind rot, klein und stehen in lockeren Rispen. Die Blätter haben einen säuerlichen Geschmack. Die Blütezeit ist vom Mai bis Juli.

Standort und Verbreitung: Die Pflanze ist in Mitteleuropa auf Wiesen recht verbreitet.

Giftstoffe, Wirkung und Symptome: Im Fall einer Vergiftung zittern die Tiere, der Blutdruck fällt ab; es kommt zu Magen-Darm-Beschwerden, Durchfall (auch blutig), Krämpfen und Lähmungen, Herzrhythmusstörungen sowie blutigem Harn. Auch Todesfälle sind nicht ausgeschlossen.

Gefährliche Menge: Nicht bekannt, aber Pferde reagieren empfindlich auf Sauerampfer.

Foto: Ursula Tinner

Die Blüten der Hundszunge können violett oder rot sein.

Sauerampfer ist auf Wiesen und Weiden recht häufig zu finden.

Weitere, für Pferde nur leicht giftige oder seltene Giftpflanzen in dieser Kategorie:

Alpenveilchen
(Cyclamen persicum)

Diese leicht giftige Zimmerpflanze ist manchmal auf Veranstaltungen als Zierpflanze zu finden.

Klatschmohn
(Papaver rhoeas)

Bei Aufnahme größerer Mengen ist als Vergiftungssymptom Schreckhaftigkeit möglich.

Rosmarinheide (Andromeda polifolia)

Als Vergiftungssymptome können Benommenheit und Rauschzustände auftreten, die Pflanze wächst jedoch nur in Mooren.

Rote/braune Blüten mit mehr als fünf Blütenblättern

Für Pferde nur leicht giftige oder seltene Giftpflanzen in dieser Kategorie:

Hyazinthe (Hyacinthus officinalis)

Schleimhautentzündungen, Schluckbeschwerden und Magen-Darm-Beschwerden mit Durchfall sind möglich.

Tulpe (Tulipa spec.)

(Tulpen gibt es in verschiedensten Farben. Sehr häufig ist auch Gelb, siehe Seite 58.)

Zweiseitig symmetrische rote/braune Blüten

Fingerhut

Digitalis spec.
Wegerichgewächse
(Die Pflanze blüht auch weiß, siehe Seite 37, und zudem gibt es gelb blühende Arten, siehe Seite 59.)

Die glockenförmigen Blüten des Fingerhuts weisen alle in eine Richtung.

Bestimmungsmerkmale: Der Rote Fingerhut *(Digitalis purpurea)* wird 30 bis 150 Zentimeter hoch und blüht von Juni bis August. Die roten, mitunter auch weißen Blüten haben eine glockige Form und werden etwa 5 Zentimeter lang. Sie hängen in einer Traube am oberen Teil des Stängels und weisen alle in eine Richtung. Der Schlund der Blüten ist gefleckt. Die Grundblätter stehen in einer Rosette und sind eiförmig bis lanzettlich, an ihrer Unterseite sind sie filzig behaart. Während die unteren Blätter lange Stiele haben, sitzen die oberen am Stängel an. Weitere bei uns heimische Arten sind der Großblütige Fingerhut *(Digitalis grandiflora)* mit hellgelben Blüten sowie der Gelbe Fingerhut *(Digitalis lutea)*. Ferner sind im Handel diverse Zuchtformen erhältlich.

Standort und Verbreitung: Roter Fingerhut wächst auf Waldlichtungen, an Kahlschlägen sowie an Waldrändern. Die Pflanze ist kalkscheu und gedeiht am besten auf sandigem, stickstoffhaltigem Lehmboden. Das Verbreitungsgebiet ist West- und Mitteleuropa. Häufig sieht man den Roten Fingerhut als Zierpflanze in Gärten.

Giftstoffe, Wirkung und Symptome: Die Pflanze enthält vorwiegend in ihren Blättern die hochgiftigen Digitalisglycoside. Alle Fingerhutarten sind giftig für Pferde. Die Vergiftungssymptome sind Zittern, unregelmäßiges Atmen, blutiger Durchfall; die Tiere sind benommen und taumeln; es kommt zu Herzrhythmusstörungen, verbunden mit lautem Herzschlag, und bei entsprechend starker Vergiftung zum Herzstillstand.

Gefährliche Menge: Die tödliche Dosis liegt bei 25 Gramm der getrockneten und 100 bis 200 Gramm der frischen Blätter.

Feuerbohne

Phaseolus coccineus
Schmetterlingsblütler

Bestimmungsmerkmale: Die Feuerbohne ist wie ihre Verwandte, die Gartenbohne, eine Kletterpflanze, die eine Höhe von 7 Metern erreichen kann. Die scharlachroten Schmetterlingsblüten stehen zu sechs bis neun Stück in langen Trauben. Die Blütezeit ist von Juni bis September. Die Blätter sitzen an langen Stielen und bestehen aus drei eiförmigen, vorn spitz zulaufenden Einzelblättchen. Die Fruchthülsen sehen aus wie die unserer Gartenbohnen, sind erst grün und später bräunlich gefärbt. In den Hülsen stecken drei bis fünf Bohnen, die oft schwarzbraun gefleckt sind.

Standort und Verbreitung: Die Feuerbohne hat ihre Heimat in Südamerika und wird bei uns in Gärten als Zier-, aber auch als Gemüsepflanze gezogen.

Giftstoffe, Wirkung und Symptome: Die rohen Bohnen und Samen sind reich an giftigen Eiweißen, auch Toxalbumine genannt. Der Hauptwirkstoff ist das Phasin. Eine Vergiftung zeigt sich in Krämpfen, Durchfall (mitunter blutig) sowie in Magen-Darm-Entzündung.

Gefährliche Menge: nicht bekannt

Die rot blühende Feuerbohne kann sich bis zu 7 Meter hochranken.

Klee

⊕ bis ⊕⊕

Trifolium spec.
Schmetterlingsblütler
(Die Pflanze blüht auch weiß, siehe Seite 40.)

Bestimmungsmerkmale: Beide Kleearten haben kugelförmige Blütenstände, die des Rotklees (*Trifolium pratense*) werden mit bis zu 3,5 Zentimetern etwas größer als die des Weißklees (*Trifolium repens*). Die Stängel sind verzweigt und die Blätter haben die typische dreizählige Kleeform. Der Weißklee wächst kriechend, während der Rotklee aufrecht wächst.

Standort und Verbreitung: Rotklee und Weißklee sind verbreitete Pflanzen auf Wiesen und Weiden.

Giftstoffe, Wirkung und Symptome: Die Pflanze enthält unter anderem cyanogene Glycoside, die Blausäure bilden können, Phytoöstrogene, den Farbstoff Rhodanid und viel Eiweiß. Rotklee, Weißklee, aber auch der dem Rotklee ähnliche Schwedenklee können bei Pferden zu Vergiftungen und Fruchtbarkeitsstörungen sowie Fehlgeburten führen. Eine Vergiftung kann sich in Atemproblemen, Anstieg des Herzschlags sowie blassen Schleimhäuten zeigen. Der Farbstoff Rhodanid lässt die betroffenen Tiere lichtempfindlich werden; durch diese Fotosensibilisierung kann es zu Hautveränderungen kommen. Der hohe Eiweißgehalt kann Hufrehe auslösen.

Gefährliche Menge: nicht bekannt

Die kugelförmigen Blüten des Rotklees sind etwas größer als die des Weißklees.

Lupine

Lupinus spec.
Schmetterlingsblütler
(Es gibt auch gelb blühende Arten, siehe Seite 60, und blau blühende Arten, siehe Seite 83. Ausführliche Beschreibung siehe bei der gelben Blütenfarbe.)

Lupinen gibt es in verschiedenen Farben, hier eine rot blühende Zuchtform.

Weitere, für Pferde nur leicht giftige oder seltene Giftpflanzen in dieser Kategorie:

Geißblatt (Lonicera spec.)

Hier das rot blühende Echte Geißblatt. (Es gibt auch eine weiß beziehungsweise gelb blühende Art, siehe Seite 40 und 61.)

Gartenwicke
(Lathyrus odoratus)

Es handelt sich hierbei um eine Platterbsenart. (Es gibt auch gelb blühende Arten, siehe Seite 61, und violett blühende Arten, siehe Seite 83.)

Blaue/violette Blüten mit bis zu fünf Blütenblättern

Lein ⊕⊕⊕

Linum usitatissimum
Leingewächse

Bestimmungsmerkmale: Der Lein wächst einjährig, hat zierliche Stängel und wird bis zu 70 Zentimeter hoch. Seine zarten blauen, sehr selten auch weißen Blüten erscheinen von Juni bis August. Sie tragen fünf Blütenblätter und sind 2 bis 3 Zentimeter breit. Zur Reife entwickelt sich eine rundliche Kapsel, die acht bis zehn braune Samen enthält.

Standort und Verbreitung: Der Lein, oder Flachs, wie diese Pflanze auch genannt wird, kommt bei uns fast ausschließlich in angebauten Kulturen vor. Nur hin und wieder findet man ihn auch verwildert. Bis zur Mitte des letzten Jahrhunderts baute man den Lein vorwiegend zur Fasergewinnung für die Textilherstellung an. Er wurde dann aber mehr und mehr von der Baumwolle verdrängt.

Giftstoffe, Wirkung und Symptome: Die Pflanze kann für Pferde unter Umständen gefährlich werden. Die Samen enthalten cyanogene Glycoside. Diese Glycoside werden im Organismus durch das Enzym Linamarase verstoffwechselt, wodurch wiederum Blausäure entsteht. Je stärker die Samen geschrotet sind, umso mehr Blausäure kann freigesetzt werden. Man sollte geschroteten Leinsamen daher vor dem Verfüttern 10 bis 20 Minuten lang leicht kochen lassen, um das Gift zu zerstören. Den höchsten Gehalt an Giftstoffen hat das Kraut der Jungpflanzen. Eine Vergiftung zeigt sich durch Unruhe der Tiere, Taumeln, Krämpfe sowie Lähmungen und Atembeschwerden. Der Tod könnte bei entsprechend starker Vergiftung durch Atemlähmung eintreten. Besondere Vorsicht ist bei Ölkuchen geboten, der aber abgekocht keine Gefahr mehr darstellt.

Die Samen des Leins und auch die Pflanze selbst enthalten giftige Blausäure. Durch Kochen wird das Gift zerstört. Dann sind Leinsamen für Pferde gut verträglich.

Gefährliche Menge: Eine ernsthafte Vergiftung tritt gewöhnlich erst nach Fütterung großer Mengen auf. 4 Gramm Leinsamen pro Kilogramm Körpergewicht (entspricht 2 Kilogramm bei einem 500 Kilogramm schweren Tier) ist für Pferde die absolute Obergrenze dessen, was sie vertragen können.

Gemeiner Beinwell ⊕⊕ bis ⊕⊕⊕

Symphytum officinale
Raublattgewächse
(Die Pflanze blüht auch rot, siehe Seite 65.)

Bestimmungsmerkmale: Beinwell trägt rötlich violette oder violette nickende Blüten am Ende des Stängels. Auffällig sind die rauhaarigen wechselständigen Blätter. Die unteren Blätter werden bis zu 25 Zentimeter lang und 5 Zentimeter breit. Die Blütezeit ist Mai bis Juni, die Pflanze erreicht eine Höhe bis zu 80 Zentimetern.

Standort und Verbreitung: Beinwell benötigt feuchten Lehmboden. Man findet ihn auf sumpfigen Wiesen, an Gräben, Ackerrändern und an Ufern. Er kommt bis zu einer Höhe von 1500 Metern vor.

Giftstoffe, Wirkung und Symptome: Beinwell ist eine wertvolle Heilpflanze, die allerdings nur äußerlich als Umschlag genutzt werden kann, und das auch nur dann, wenn keine Hautverletzungen bestehen. Innerlich darf er wegen der Pyrrolizidinalkaloide, die von Enzymen in der Leber in Giftstoffe umgewandelt werden, keine Anwendung finden.

Gefährdet sind vorwiegend Weidetiere und am meisten Pferde. Da Beinwell ähnliche Giftstoffe wie das Jakobskreuzkraut enthält, ist auch von einem ähnlichen Vergiftungsverlauf auszugehen. Die Giftstoffe bleiben nach dem Trocknen erhalten und sind daher im Heu weiterhin gefährlich.

Laut Dr. Wiedenfeld von der Universität Bonn ist der Alkaloidgehalt, also der Giftgehalt, beim Beinwell sehr unterschiedlich hoch. Zum einen gibt es Unterschiede bei den Arten, zum anderen kommt es auf den Standort an. Beinwell aus Südeuropa hat gewöhnlich einen höheren Alkaloidanteil als Pflanzen, die im Norden wachsen.

Gefährliche Menge: Bei Pflanzen mit hohem Giftgehalt ähnlich wie beim Jakobskreuzkraut, also 14 bis 50 Kilogramm der frischen Pflanze, abhängig von der Größe des Pferdes.

Äußerlich angewendet ist Beinwell eine wertvolle Heilpflanze, fressen sollten ihn Pferde jedoch nicht.

Bittersüßer Nachtschatten

Solanum dulcamara

Nachtschattengewächse

Bestimmungsmerkmale: Der Bittersüße Nachtschatten ist ein Halbstrauch mit violetten Blüten und auffällig gelbem Staubblatt. Die Pflanze wird 30 bis 200 Zentimeter hoch. Im Spätsommer und Herbst reifen die eiförmigen roten Früchte heran. Die Blätter sind eiförmig und vorn zugespitzt.

Standort und Verbreitung: Der Bittersüße Nachtschatten ist fast in ganz Europa zu finden; er wächst gern an Ufern, auch am Meer, in Auwäldern und Kahlschlägen.

Giftstoffe, Wirkung und Symptome: Die ganze Pflanze ist giftig, wobei der höchste Giftgehalt, es handelt sich vorwiegend um Solanin, in den unreifen Samen zu finden ist. Reife Beeren sind so gut wie ungiftig. Die Symptome einer Vergiftung sind Speichelfluss, Reizung der Schleimhäute und Schleimhautentzündungen, Durchfall und Krämpfe. Die Tiere haben auch

Die violetten Blüten des Bittersüßen Nachtschattens haben ein auffällig gelbes Staubblatt.

Die Samen des Schlafmohns reifen in einer eiförmigen Kapsel heran.

Gleichgewichtsstörungen und leiden unter Entzündungen der Haut und Atemnot; sie sind teils erregt, aber auch teilnahmslos. Der Urin ist braunrot verfärbt. Das Blut kann sich bei entsprechend starker Vergiftung zersetzen und der Tod kann durch Atemlähmung eintreten.

Gefährliche Menge: nicht bekannt

Schlafmohn

Papaver somniferum
Mohngewächse

Bestimmungsmerkmale: Der Schlafmohn trägt eine dunkel- bis hellviolette Blüte, die einen Durchmesser von 4 bis 6 Zentimetern hat und auf ihrem Grund einen dunklen Fleck trägt. Die Blütezeit ist von Juni bis August. Die kleinen schwarzen Samen reifen in einer eiförmigen Kapsel heran. Der Stängel des Schlafmohns ist mit borstigen Haaren besetzt und bläulich bereift. Die Blätter umfassen den Stängel und sind eiförmig. Die Pflanze führt einen weißlich gelben Milchsaft, der beim Anritzen austritt. Sie wird 50 bis 150 Zentimeter hoch.

Standort und Verbreitung: Früher wurde der Schlafmohn zur Ölgewinnung angebaut, heute ist er verwildert und wächst auf Brachland, auf Schuttplätzen und Wegen. Man sieht ihn aber auch als Zierpflanze in Gärten.

Giftstoffe, Wirkung und Symptome: Schlafmohn enthält etwa 40 verschiedene Alkaloide, in erster Linie aber Morphin, Codein und Papaverin. Eine Vergiftung zeigt sich durch Erregung und Unruhe, Schwierigkeiten beim Atmen, Krämpfe und Durchfall.

Gefährliche Menge: nicht bekannt

Hundszunge

Cynoglossum officinale
Borretschgewächse
(Die Pflanze blüht auch rot, siehe Seite 67.)

Bestimmungsmerkmale: Die Hundszunge ist eine zweijährige Pflanze und wächst bis zu 80 Zentimeter hoch. Ihre Blüten sind erst dunkelviolett, später braunrot und trichterförmig. Die unteren Blätter haben eine elliptische

Form, die oberen sind lanzettlich geformt und filzig behaart. Blütezeit ist Mai bis Juli.

Standort und Verbreitung: Die Pflanze wächst auf steinigen und sandigen Böden. Sie ist fast in ganz Europa beheimatet.

Giftstoffe, Wirkung und Symptome: Hundszunge enthält unter anderem Pyrrolizidinalkaloide (wie das Jakobskreuzkraut). Die Vergiftungssymptome sind Appetitlosigkeit, häufiges Gähnen, erschwerte Atmung, ferner leiden die Tiere unter Verstopfung, aber auch unter blutigem Durchfall und Krämpfen. Auch die beim Kreuzkraut beschriebene „Walking Desease“ kann auftreten. Eine Leberschädigung und der Tod sind ebenfalls möglich.

Gefährliche Menge: nicht bekannt

Die kleinen Blüten der Hundszunge sind jung dunkelviolett.

Kartoffel

Solanum tuberosum
Nachtschattengewächse
(Die Pflanze blüht auch weiß, siehe Seite 29. Ausführliche Beschreibung siehe dort.)

Das Kartoffelkraut, aber auch grüne oder gekeimte Knollen sind giftig.

Weitere, für Pferde nur leicht giftige oder seltene Giftpflanzen in dieser Kategorie:

Christrose
(Helleborus spec.)

Die Christrose ist stark giftig, kommt in der Natur jedoch sehr selten vor. (Die Pflanze blüht auch weiß, siehe Seite 31.)

Blaue/violette Blüten mit mehr als fünf Blütenblättern

Herbstzeitlose

Colchicum autumnale
Herbstzeitlosengewächse

Bestimmungsmerkmale: Die Herbstzeitlose treibt von August bis Oktober ihre hellviolette Blüte aus der Erde. Die trichterförmige Blüte scheint auf einem „Stiel" zu sitzen, der aber in Wirklichkeit die Blütenröhre darstellt und aus der 15 bis 20 Zentimeter tief sitzenden Zwiebelknolle entspringt. Die Blätter erscheinen erst im nächsten Frühjahr und haben eine tulpenähnliche Form. Achtung: Verwechslungsgefahr mit dem Bärlauch, da sich die Blätter stark ähneln. Die Herbstzeitlose wird 5 bis 20 Zentimeter hoch.

Standort und Verbreitung: Die Pflanze wächst auf feuchten Wiesen und Weiden und ist für viele Landwirte eine große Plage, da sie auch im Heu noch giftig ist. Sie hat ihr Verbreitungsgebiet in Mittel-, West- und Südeuropa.

Die Blätter der Herbstzeitlose ähneln denen des Bärlauchs, außerhalb der Blütezeit besteht also Verwechslungsgefahr.

Giftstoffe, Wirkung und Symptome: Die Herbstzeitlose enthält das Gift Colchicin, das Ähnlichkeiten mit Arsen aufweist. Colchicin ist ein Zellgift, das die normalerweise erfolgende Trennung der Chromosomen bei der Meiose (Reduktionsteilung) verhindert. Eine Vergiftung kann im Sommer auftreten, wenn die Tiere die Pflanze mit den Samenkapseln fressen, und im Herbst durch Aufnahme der Blüten. Die Vergiftungssymptome sind Verweigerung der Nahrung, Speichelfluss, Schweißausbrüche, Koliken und blutiger Durchfall. Es kommt weiterhin zu Lähmungen, Kreislaufstörungen und Kreislaufversagen. Der Tod tritt bei entsprechend starker Vergiftung nach ein bis drei Tagen durch Atemlähmung ein. Das Gift geht auch in die Milch säugender Stuten über, wodurch Fohlen sich vergiften können, obwohl sie nicht selbst von der Pflanze gefressen haben.

Gefährliche Menge: Die tödliche Menge für Pferde liegt bei 1,2 bis 3 Kilogramm der Pflanze.

Für Pferde nur leicht giftige oder seltene Giftpflanzen in dieser Kategorie:

Schwertlilie (Iris spec.) ⊕

*Hier gezeigt ist die Sibirische Schwertlilie (*Iris sibirica*). (Es gibt auch gelb blühende Arten, siehe Seite 57.)*

Krokus (Crocus spec.) ⊕

(Die Pflanze blüht auch weiß, siehe Seite 36, und gelb, siehe Seite 57.)

Zweiseitig symmetrische blaue/violette Blüten

Eisenhut

Aconitum spec.
Hahnenfußgewächse
(Es gibt auch gelb blühende Arten, siehe Seite 59.)

Bestimmungsmerkmale: Der Blaue Eisenhut (*Aconitum napellus*) hat dunkelblaue Blüten, die in einer dichten, endständigen Traube sitzen. Das obere Blütenblatt gleicht einem Helm und ist breiter als hoch. Die Laubblätter sind handförmig und fünf- bis siebenfach geteilt. Die Pflanze wird 50 bis 150 Zentimeter hoch und blüht von Juni bis September. Eisenhut hat viele Unterarten und Züchtungen, die vielfach in Gärten wachsen und als Schnittblumen verkauft werden. Ein in unseren Breiten vorkommender Verwandter ist der gelb blühende Wolfs-Eisenhut (*Aconitum lycoctonum subsp. Vulparia*).

Standort und Verbreitung: Der Blaue Eisenhut wächst auf feuchten Weiden, Hochstaudenfluren und in höheren Berglagen. In den Alpen findet man die Pflanze bis zu einer Höhe von 2500 Metern. Sie bevorzugt nährstoffreiche Böden und hat ihr Verbreitungsgebiet in Mittel- und Westeuropa. Der Blaue Eisenhut und seine Zuchtvariationen sind auch beliebte Gartenpflanzen, wohl vielfach in Unkenntnis der starken Giftigkeit angepflanzt.

Giftstoffe, Wirkung und Symptome: Eisenhut ist die giftigste Pflanze Europas. Er enthält vorwiegend in den Knollen, aber auch sonst in der ganzen Pflanze das stark wirksame Alkaloid Aconitin. Eine Vergiftung zeigt sich in starkem Speichelfluss, Pupillenvergrößerung, Erregung, Unruhe, Durchfall, Krämpfen, erhöhter Körpertemperatur, Herzrhythmusstörungen und aufsteigender Lähmung mit Lähmung der Gesichtsmuskeln und der Zunge. Der Tod tritt unter starken Schmerzen durch Atemlähmung oder Versagen des Kreislaufs ein.

Gefährliche Menge: Die tödliche Dosis beim Pferd sind 200 bis 400 Gramm der frischen Pflanzenteile, möglicherweise aber auch deutlich weniger.

Die Blüten des Blauen Eisenhuts sitzen in einer endständigen Traube.

Gundermann, Gundelrebe

Glechoma hederacea
Lippenblütler

Bestimmungsmerkmale: Man kann sie leicht übersehen, die Gundelrebe oder den Gundermann, wie diese kleine Pflanze auch genannt wird. So kriecht der vierkantige Stängel zum Teil auf der Erde, nur der obere, blühende Teil reckt sich gen Himmel. Auffällig sind die kleinen blauen Lippenblüten, die in den oberen Blattachseln stehen. Die Blätter haben eine gewisse Ähnlichkeit mit denen des Efeus. Daher kommt auch der teils gebräuchliche Name Erdefeu.

Standort und Verbreitung: Feuchten und nährstoffreichen Boden braucht die Pflanze, und sie besiedelt daher gern Ufer, Wiesen, Weiden und Auen. Die Gundelrebe ist recht häufig zu finden; in den Alpen wächst sie noch bis zu 1500 Metern Höhe.

Giftstoffe, Wirkung und Symptome: Die Gundelrebe kann für uns Menschen eine Heilpflanze, für Pferde allerdings eine Giftpflanze sein. Die Inhaltsstoffe sind Gerbstoffe, Vitamin C, Kalium, einige organische Säuren sowie Saponin, ätherisches Öl und der bislang unerforschte Bitterstoff Glechomin. Eine Vergiftung zeigt sich in Pupillenerweiterung, Schweißausbrüchen, Anstieg der Körpertemperatur, Zittern, Schleimausfluss aus dem Maul sowie rötlich gelbem Schaum, der aus der Nase austritt. Die Tiere röcheln beim Atmen und Husten, die Atmung wird schneller und ist erschwert. Die Herzfrequenz kann ansteigen. Todesfälle sind nicht ausgeschlossen. Die getrocknete Pflanze verliert erst nach Wochen ihre Wirkung. Die Vergiftungssymptome zeigen sich einige Tage nach der Fütterung.

Gefährliche Menge: Laut dem Institut für Veterinärpharmakologie und -toxikologie in Zürich ist die toxische Menge ein 32-prozentiger Anteil im Grünfutter.

Nur der obere, blühende Teil der Gundelrebe steht aufrecht, der Stängel der Pflanze kriecht.

Rittersporn

Consolida spec., Delphinium spec.
Hahnenfußgewächse

Bestimmungsmerkmale: Die am häufigsten wild wachsende Ritterspornart ist der Feldrittersporn (*Consolida regalis*). Er trägt seine violetten (selten auch weißen) Blüten in einer endständigen Traube. Auffällig ist der bis zu 2,5 Zentimeter lange Blütensporn. Die Pflanze blüht von Mai bis September. Der Stängel ist stark verästelt, die Laubblätter sind mehrfach geteilt und bestehen aus schmalen, etwa 1 Millimeter breiten, länglichen Zipfeln. Feldrittersporn erreicht eine Höhe von 20 bis 40 Zentimetern. Der Hohe Rittersporn (*Delphinium elatum*) wächst meist aufrecht und hat handförmig geteilte Blätter.

Ferner unterscheiden wir verschiedene Zuchtarten (*Delphinium × cultorum* und *Consolida ajacis*), die blaue und selten auch rote oder weiße Blüten tragen können. Diese Formen werden bis zu 2 Meter hoch.

Standort und Verbreitung: Der Feldrittersporn wächst an Wegrändern und Äckern in Mittel- und Südeuropa und ist selten geworden. Den Hohen Rittersporn findet man ebenfalls selten in lichten Wäldern der Alpen. Sehr beliebt sind die verschiedenen Gartenformen, wenn auch Familien mit Kindern sie besser nicht anpflanzen sollten.

Giftstoffe, Wirkung und Symptome: Rittersporn enthält in allen Pflanzenteilen, besonders aber in den Samen, unter anderem giftige Delphinium-Alkaloide, die in ihrer Form denen des Eisenhuts ähneln, aber eine schwächere Wirkung zeigen. Die Vergiftungserscheinungen sind Unruhe und Benommenheit, Magen-Darm-Entzündung, Durchfall, Muskelschwäche und Muskelzuckungen, Bewegungsstörungen, Lähmungen sowie Blutdruckabfall. Auch Herzschäden sind möglich.

Gefährliche Menge: nicht bekannt

Die Bilder zeigen den Feldrittersporn (Consolida regalis) ...

... und die Zuchtform Consolida ajacis.

Lupine

Lupinus spec.
Schmetterlingsblütler
(Es gibt auch gelb blühende Arten, siehe Seite 60, und rot blühende Arten, siehe Seite 73. Ausführliche Beschreibung siehe bei der gelben Blütenfarbe.)

Das Bild zeigt die blau blühende Vielblättrige Lupine.

Weitere, für Pferde nur leicht giftige oder seltene Giftpflanzen in dieser Kategorie:

Frühlingsplatterbse
(Lathyrus vernus)

(Es gibt auch gelb blühende Arten, siehe Seite 61, und rot blühende Arten, siehe Seite 73.)

Grüne Blüten mit bis zu fünf Blütenblättern

Bingelkraut

Mercurialis spec.
Wolfsmilchgewächse

Bestimmungsmerkmale: Wir unterscheiden zwischen dem Wald-Bingelkraut (*Mercurialis perennis*) und dem Einjährigen Bingelkraut (*Mercurialis annua*). Die Blütenfarbe der Bingelkräuter ist gelblich grün und die Blüten stehen in blattachselständigen Knäueln. Das Einjährige Bingelkraut wird 10 bis 40 Zentimeter hoch und hat einen vierkantigen Stängel mit gegenüberstehenden Ästen. Die Blätter sind eiförmig lanzettlich und stumpf gezähnt. Die Pflanze ist meist zweihäusig, was bedeutet, dass weibliche und männliche Blüten auf getrennten Pflanzen vorkommen. Das Wald-Bingelkraut wächst 15 bis 30 Zentimeter hoch, die Pflanze ist zweihäusig und der Stängel ist nur oben beblättert. Die Blattform ist länglich lanzettlich.

Das Einjährige Bingelkraut wächst auf Ödland, in Weinbergen und an Äckern.

Der Stängel des Wald-Bingelkrauts ist im Gegensatz zum Einjährigen Bingelkraut nur oben beblättert.

Standort und Verbreitung: Das Wald-Bingelkraut wächst auf feuchten Waldböden. Es ist in ganz Europa beheimatet, allerdings im Norden selten zu finden. Das Einjährige Bingelkraut findet man auf Ödland, in Weinbergen und an Äckern.

Giftstoffe, Wirkung und Symptome: Die Pflanze enthält unter anderem Saponine, Methylamin und Trimethylamin. Die höchste Wirkstoffkonzentration hat das Bingelkraut zur Fruchtreife. Auch in getrocknetem Zustand ist die Pflanze noch giftig.

Symptome einer Vergiftung sind Magen-Darm-Entzündung und wässriger Durchfall, es kann auch zu Schädigungen von Leber und Niere kommen. Weiterhin zu beobachten sind Speichelfluss, Unlust zum Fressen, Teilnahmslosigkeit und blutiger Urin. Die Körpertemperatur steigt erst und fällt danach ab, die

Pulsfrequenz ist erhöht, auch ist der Tod nicht ausgeschlossen. Vergiftungssymptome treten erst nach einigen Tagen auf. Pferde fressen vom Bingelkraut gewöhnlich nur, wenn sie unter Futtermangel leiden, da die Pflanzen unangenehm riechen und einen bitteren, salzigen Geschmack haben.

Gefährliche Menge: nicht bekannt

Wolfsmilch

Euphorbia spec.
Wolfsmilchgewächse
(Es gibt auch gelb blühende Arten, siehe Seite 50.)

Bestimmungsmerkmale: Etwa 40 Arten der Gattung Wolfsmilch können wir in Mitteleuropa finden, von denen alle zu den Giftpflanzen zählen. Am häufigsten findet man allerdings die Zypressen-Wolfsmilch (*Euphorbia cyparissia*), die Sonnenwend-Wolfsmilch (*Euphorbia helioscopia*) und die Garten-Wolfsmilch (*Euphorbia pepulus*). Was wir bei der Wolfsmilch als Blüte deuten, ist ein stark rückgebildeter Blütenstand (Cyathium). Umgeben von grünen Hüllblättern stehen weibliche und männliche Blüten zusammen. Jeder dieser Cyathien besitzt gelbe Honigdrüsen. Die oben genannten Wolfsmilcharten werden 10 bis 50 Zentimeter hoch. Alle Wolfsmilcharten führen einen weißlichen Milchsaft, der einen scharfen Geschmack hat. Eine bekannte Zimmerpflanze, die auch zu den Wolfsmilchgewächsen zählt, ist der Weihnachtsstern.

Standort und Verbreitung: Wolfsmilcharten wachsen gewöhnlich an Wegen und Böschungen, auf Magerwiesen, aber auch an Waldrändern und auf Ödland.

Giftstoffe, Wirkung und Symptome: Der Milchsaft der Wolfsmilch enthält Euphorbon und Ingenole. Die Pflanzen behalten auch im getrockneten Zustand ihre Giftwirkung. Frische Pflanzen werden aufgrund ihres scharfen Geschmacks meist von Tieren gemieden, für getrocknete Pflanzen im Heu gilt das nicht. Die Symptome einer Vergiftung sind starke Schleimhautreizungen, Magen-Darm-Beschwerden mit Krämpfen und Durchfall. Die Körpertemperatur sinkt ab, Pferde leiden unter Lähmungen, blutigem Harn und Kot, und sie taumeln. Weitere Folgen sind Leberschädigung und Herzrhythmusstörungen. Bei Augenkontakt mit dem Milchsaft der Wolfsmilch kommt es zu Entzündungen, die nur schwer abheilen.

Gefährliche Menge: nicht bekannt

Das Bild zeigt die Kreuzblättrige Wolfsmilch.

Aronstab

Arum maculatum

Aronstabgewächse

Bestimmungsmerkmale: Ein grünes Hüllblatt umgibt den meist braunen Blütenkolben, an dem unten die weiblichen Blüten und darüber die männlichen sitzen. Der Kolben sendet Aasgeruch aus, der kleine Fliegen anlockt. Diese dringen in den Trichter ein und bestäuben so die Pflanze. Diese Einrichtung nennt man auch Fliegenkesselfalle. Die Blütezeit ist von April bis Mai, und im August bis September reifen dann die erst grünen, später roten Früchte heran, die rings um den Kolben herum sitzen. Die Blätter des Aronstabs sind pfeilförmig und mitunter auch braun gefleckt. Die Pflanze wird 15 bis 50 Zentimeter hoch.

Standort und Verbreitung: Aronstab wächst in feuchten Laub- und Laubmischwäldern auf lockerem und nährstoffreichem Humusboden. Sein Verbreitungsgebiet ist Mittel- und Südeuropa.

Giftstoffe, Wirkung und Symptome: Die gesamte Pflanze ist giftig und enthält in großen Mengen Caliumoxalat und den Scharfstoff Aroin. Die Symptome sind Entzündungen im Maul und im Magen-Darm-Bereich, Durchfall, Krämpfe, Erregung, Gleichgewichtsstörungen, Herzrhythmusstörungen. Auch kann es zu Leber- und Nierenschäden kommen. Stuten können im Fall einer Vergiftung eine Fehlgeburt erleiden. Eine tödliche Vergiftung ist möglich. Im trockenen Zustand ist der Aronstab ungiftig.

Gefährliche Menge: nicht bekannt

Die Blüten des Aronstabs verströmen Aasgeruch, um Fliegen anzulocken.

Weitere, für Pferde nur leicht giftige oder seltene Giftpflanzen in dieser Kategorie:

Grüne Nieswurz
(Helleborus viridis)

Das Gift dieser seltenen Pflanze kann Krämpfe, Erregung und Lähmungen auslösen.

Stinkende Nieswurz
(Helleborus foetidus)

Das Gift der Stinkenden Nieswurz hat die gleiche Wirkung wie das der verwandten Grünen Nieswurz. Auch diese Pflanze ist selten.

Efeu
(Hedera helix)

Krämpfe, Erregung und Durchfall sind möglich.

Krauser Ampfer
(Rumex crispus)

Bei Aufnahme größerer Mengen ist eine Nierenschädigung möglich.

Grüne Blüten mit mehr als fünf Blütenblättern

Weißer Germer

Veratrum album

Einbeerengewächse

(Die Pflanze blüht auch weiß, siehe Seite 32, und gelb, siehe Seite 56. Ausführliche Beschreibung siehe bei der weißen Blütenfarbe.)

Das Bild zeigt die kleinen Blüten in Nahaufnahme, Bilder der ganzen Pflanze sind bei den anderen Blütenfarben zu finden.

Weitere, für Pferde nur leicht giftige oder seltene Giftpflanzen in dieser Kategorie:

Einbeere (Paris quadrifolia)

Die Einbeere ist eine seltene Waldpflanze.

Farne, Schachtelhalme und Gräser

Adlerfarn

Pteridium aquilinum
Adlerfarngewächse

Bestimmungsmerkmale: Der Adlerfarn hat hellgrüne, derbe Blätter, die zweifach gefiedert sind. Die Blattfläche ist bogenförmig geneigt, der Blattrand eingerollt. Der Farn wird bis zu 2 Meter hoch.

Standort und Verbreitung: Man findet den Adlerfarn in Mitteleuropa häufig an Waldrändern und in lichten Wäldern.

Giftstoffe, Wirkung und Symptome: Die gesamte Pflanze ist giftig, insbesondere die jungen Blätter. Die Giftwirkung bleibt nach dem Trocknen erhalten. Die Giftstoffe sind das Enzym Thiaminase, Blausäureglycoside und ein Saponin (Pteridin). Eine Vergiftung bei Pferden zeigt sich durch die Vitamin-B_1-zerstörende Wirkung des Enzyms Thiaminase. Es entstehen zentralnervöse Störungen, Störungen im Bewegungsablauf sowie motorische Störungen. Weitere Symptome sind Unlust zum Fressen, blutiger Durchfall, blutiger Urin und Schädigung der Nieren.

Gefährliche Menge: Als tödlich gilt eine Menge ab 2 Kilogramm täglich, aufgenommen über einen Monat.

Wurmfarn

Dryopteris filix-mas
Wurmfarngewächse

Bestimmungsmerkmale: Wurmfarn wächst bis zu 1 Meter hoch und breitet seine Blätter trichterförmig aus. Die Blätter sind doppelt gefiedert und haben jeweils 20 bis 35 Fiedern an der Mittelrippe. Auf den Blattunterseiten bilden sich von Juli bis September die Sporen.

Adlerfarn kann bis zu 2 Meter hoch werden.

Der Wurmfarn wurde früher als Entwurmungsmittel verwendet.

Die Pflanze erhielt ihren deutschen Namen, weil sie früher als Mittel gegen Würmer verwendet wurde. Man nannte sie auch Bandwurmwurzel, Wanzenkraut und Geißleitere. Der botanische Gattungsname *Dryopteris* kommt aus dem Griechischen (drys = Eiche und pteris = farn) und wurde deshalb vergeben, weil die Fiederblättchen oft eichenblattartig gebuchtet sind.

Standort und Verbreitung: Wurmfarn wächst in Mitteleuropa in schattigen Wäldern und Gebüschen sowie auf Bergweiden.

Giftstoffe, Wirkung und Symptome: Die Pflanze enthält in geringen Mengen blausäurehaltige Verbindungen, ferner Thiaminase, Aspidinol und Filicin. Die Symptome einer Wurmfarnvergiftung sind Magen-Darm-Beschwerden mit Krämpfen und blutigem Durchfall sowie blutigem Urin.

Gefährliche Menge: nicht bekannt

Sumpfschachtelhalm

Equisetum palustre
Schachtelhalmgewächse

Ackerschachtelhalm, Zinnkraut

Equisetum arvense
Schachtelhalmgewächse

Bestimmungsmerkmale: Schachtelhalme sind sogenannte Gefäßsporenpflanzen und vermehren sich, wie die Farne, über Sporen. Die hellbraunen Sporentriebe bilden sich im Frühjahr. Der Ackerschachtelhalm sieht ein wenig aus wie ein „Weihnachtsbaum“. Die grünen Triebe der Schachtelhalme stecken ineinander. Die Pflanzen gehören mit einem Alter von 400 Millionen Jahren zu den ältesten Pflanzen unserer Erde.

Standort und Verbreitung: Ackerschachtelhalm wächst an Bahndämmen, Äckern und

Der Sumpfschachtelhalm enthält eine höhere Giftkonzentration als der ...

... hier abgebildete Ackerschachtelhalm.

Wegen. Den Sumpfschachtelhalm findet man an Ufern, auf feuchten Wiesen und in Sümpfen.

Giftstoffe, Wirkung und Symptome: Die Wirkstoffe sind die Alkaloide Palustrin und Palustridin, außerdem Spuren von Nikotin, Aconitsäure, Kieselsäure, Oxalsäure sowie das Enzym Thiaminase. Ackerschachtelhalm weist weniger Giftstoffe auf als der Sumpfschachtelhalm. Die Giftstoffe bleiben auch nach dem Trocknen erhalten! Bei Pferden entsteht durch eine Schachtelhalmvergiftung die sogenannte Taumelkrankheit. Das Enzym Thiaminase zerstört das Vitamin B_1, somit kommt es zu Stoffwechselstörungen, die wiederum bei den Tieren zu Krämpfen und Lähmungen führen. Weitere Vergiftungssymptome bei entsprechend starker Vergiftung sind Magen-Darm-Entzündung mit Durchfall, Schreckhaftigkeit, Muskelzittern (auch Zuckungen im Gesicht), Pupillenerweiterung, Störungen im Bewegungsablauf, Taumel bis zu Lähmungen der Hinterläufe und Hinstürzen, Schwäche bis zur völligen Erschöpfung und Tod. Leichte Vergiftung zeigt sich durch Abmagern und Schwäche.

Gefährliche Menge: Füttert man einem Pferd zwei bis fünf Wochen lang im Heu mindestens 20 Prozent Ackerschachtelhalm, kommt es zu ernsten Vergiftungen. Derselbe Anteil an Sumpfschachtelhalm ist nach circa einem Monat Fütterungszeit tödlich.

Mutterkorn

Claviceps purpurea
Schlauchpilze

Bestimmungsmerkmale: Der Mutterkornpilz ist ein Parasit, der sich während der Gras- und Getreideblüte an der Ähre festsetzt und sich bis zur Reife zu einem 4 Zentimeter langen und etwa 3 Millimeter breiten, blauschwarzen, kornähnlichen Gebilde entwickelt.

Standort und Verbreitung: Der Pilz gedeiht vorwiegend am Roggen, ist aber auch an einigen Grasarten, so auch am Weidelgras, zu finden. Es ist daher nicht ausgeschlossen, dass der Mutterkornpilz auf Pferdeweiden und Heuwiesen vorkommt, insbesondere nach einem feuchten Sommer.

Giftstoffe, Wirkung und Symptome: Mutterkorn enthält die stark giftigen Alkaloide Ergotamin, Ergotoxin und Ergometrin. Der Wirkstoffgehalt ist stark schwankend. Aus Mutterkorn wird die Droge LSD hergestellt. Eine Vergiftung beginnt mit Durchfall, Pupillenerweiterung und Durstgefühl, Krämpfen und Lähmungen. Starke Nervenstörungen können ebenfalls die Folge sein, die wiederum in Raserei und Wahnanfälle ausarten können.

Gefährliche Menge: vermutlich wenige Gramm

Dieser Pilz befällt vorwiegend Getreideähren, kann aber auch an Gräsern vorkommen.

Weitere, für Pferde nur leicht giftige oder seltene Giftpflanzen in dieser Kategorie:

Taumel-Lolch (Lolium temulentum)

Dieses insbesondere für Pferde stark giftige, bis zu 1 Meter hohe Gras gehört zu den aussterbenden Gräserarten und ist somit sehr selten zu finden.

Goldhafer (Trisetum flavescens)

Schwellungen und Schmerzempfindlichkeit an den Beugesehnen der Vorderhand sowie Verhärtungen der Beinarterie und der großen Baucharterie sind möglich.

Bestimmung von Bäumen und Sträuchern

Bäume und Sträucher zeichnen sich durch eine Verholzung aus, wobei nicht unbedingt alle Triebe, jedoch zumindest immer die Haupttriebe der Pflanze, etwa der aus der Erde wachsende Teil, verholzt sind.

Ein Baum zeichnet sich gewöhnlich durch einen Trieb aus, nämlich den Stamm; ein Strauch hat zumeist mehrere Triebe, die aus der Erde wachsen.

Die Ordnung der im Folgenden beschriebenen Bäume und Sträucher richtet sich nach dem Gefährlichkeitsgrad, wobei darauf hingewiesen werden muss, dass dieser nicht immer exakt zu ermitteln ist, weil die toxische oder auch tödliche Menge schwanken kann.

Oleander

Nerium oleander
Hundsgiftgewächse

Bestimmungsmerkmale: Oleander wächst als Strauch und manchmal auch als kleiner Baum. Seine weißen oder rosa Blüten erscheinen von Juli bis September und stehen in Trugdolden. Die ledrigen, lanzettlich geformten Blätter stehen gewöhnlich zu dritt in einem Quirl. Die Pflanzc wird bis zu 6 Meter hoch.

Standort und Verbreitung: Oleander stammt aus dem Mittelmeerraum und wird bei uns als Gartenstrauch und Kübelpflanze gehalten. Achtung: Leider ist er als Zierstrauch auch auf Pferdeveranstaltungen zu finden.

Giftstoffe, Wirkung und Symptome: Die Pflanze enthält das herzwirksame Glycosid Oleandrin. Eine Vergiftung zeigt sich in Pupillenerweiterung, Absinken der Körpertemperatur und dadurch kühlen Beinen sowie Magen-Darm-Beschwerden mit Durchfall. Der Tod tritt durch Herzlähmung recht schnell ein. Bei vergifteten Stuten kann es zur Fehlgeburt kommen.

Gefährliche Menge: Die tödliche Dosis für Pferde liegt bei der sehr geringen Menge von 15 bis 20 Gramm der frischen Blätter.

Oleander gibt es mit weißen und rosa Blüten.

Gemeiner Seidelbast ⊕⊕⊕

Daphne mezereum

Seidelbastgewächse

Bestimmungsmerkmale: Der Gemeine Seidelbast ist ein 1 bis 2 Meter hoch wachsender Strauch. Seine stark duftenden, vierblättrigen rosa Blüten erscheinen vor den Blättern. Sie blühen von März bis Mai und sitzen direkt an den holzigen Stängeln. Im Juli bis August reifen die eiförmigen roten Beeren heran. Die Laubblätter des Strauches haben eine lanzettliche (lorbeerähnliche) Form. Weitere Arten sind der Gestreifte Seidelbast *(Daphne striata)*, der überwiegend in den Alpen wächst, der Rosmarin-Seidelbast *(D. cneorum)*, der weiß blühende Alpen-Seidelbast *(D. alpina)*, der in Deutschland nicht vorkommt, und der grünliche Blüten und schwarze Beeren tragende Lorbeer-Seidelbast *(D. laureola)*, der vielfach in Südeuropa und auch in England zu finden ist.

Standort und Verbreitung: Der Gemeine Seidelbast gedeiht in Laub- und Laubmischwäldern auf kalkhaltigem, humusreichem Boden. Er hat sein Verbreitungsgebiet in ganz Europa mit Ausnahme des äußersten Westens und Nordens. Er wächst bis in 2500 Meter Höhe. Der Gemeine Seidelbast wird auch als Gartenpflanze gezogen, doch sollten ihn Familien mit Kindern wegen seiner hohen Giftigkeit lieber nicht anpflanzen.

Giftstoffe, Wirkung und Symptome: Die meisten Giftstoffe sind in der Rinde (Daphnetoxin) und in den Samen zu finden (Mezerein). Sie bleiben auch nach dem Trocknen erhalten. Seidelbast ist für Pferde tödlich giftig. Vergiftungsanzeichen sind Speichelfluss, Entzündung der Schleimhäute und von Magen und Darm, Magenkrämpfe und Fieber; es kommt zu blutigem Durchfall, Atemnot, Störung des Gleichgewichts, Schädigung des Nervensystems und Kreislaufzusammenbruch.

Gefährliche Menge: Bereits 30 Gramm der Rinde sind tödlich.

Die Blüten des Seidelbasts erscheinen vor den Blättern. Hier ist schon beides zu sehen.

Rizinus

⊕⊕⊕

Ricinus communis

Wolfsmilchgewächse

Bestimmungsmerkmale: Rizinus wird bei uns 1 bis 2 Meter hoch und hat einen dicken, oft rotbraun gefärbten Stängel. Seine Blüten stehen in Griffeln, oben sitzen die weiblichen roten Blüten, darunter die männlichen mit ihren gelben Staubgefäßen. Die Blütezeit ist von Juli bis September. Die langstieligen Blätter des Rizinus sind handförmig und können einen Durchmesser von 1 Meter erreichen. Die Samen entwickeln sich in einer kugelförmigen, stacheligen Kapsel.

Standort und Verbreitung: Der Rizinus stammt aus Afrika und wächst bei uns als Zierstrauch in Gärten und Parkanlagen oder wird als Kübelpflanze gehalten.

Giftstoffe, Wirkung und Symptome: In den Samen finden sich giftige Eiweiße, unter anderem das hochgiftige Ricin, eines der stärksten Pflanzengifte. Erste Vergiftungssymptome können bereits nach zwei Stunden, aber auch erst nach einem Tag eintreten. Eine Rizinusvergiftung zeigt sich in Speichelfluss, Reizungen der Schleimhäute, Schwindel und Schläfrigkeit. Die Tiere schwitzen vermehrt, haben Schwierigkeiten beim Atmen, ihr Bewegungsablauf ist gestört und sie werden schläfrig. Es kommt zu einer Gelb- oder Weißfärbung der Schleimhäute, zu Magen-Darm-Entzündung mit teils starkem Durchfall, zu einem Anstieg der Körpertemperatur, zu Muskelzucken, Krämpfen, Entzündung der Nieren mit starkem Drang zum Wasserlassen, Zerfall der roten Blutkörperchen sowie zu Leberschädigung und schließlich zum Tod.

Gefährliche Menge: Bereits 60 Gramm Samen können ein 600 Kilogramm schweres Pferd töten.

Die roten Blüten sind die weiblichen Blüten, darunter stehen die männlichen Blüten in Gelb.

Eibe

⊕⊕⊕

Taxus baccata

Eibengewächse

Bestimmungsmerkmale: Die Eibe ist ein immergrüner Nadelbaum, der eine Höhe von 20 Metern erreichen kann. Ihre Nadeln sind weich und relativ breit. Es gibt Bäume mit weiblichen und solche mit männlichen Blüten. Die männlichen sind gelb und stehen kätzchenartig in den Achseln der Nadeln, die weiblichen weisen nur eine Samenanlage auf. Die Eibe blüht von März bis April. Die giftigen Samen reifen im Herbst in einem erst grünen, später roten fleischigen Samenmantel heran.

Standort und Verbreitung: Der Baum wächst in Laubmischwäldern und benötigt kalkhaltigen Boden. Man findet ihn auch häufig in Parkanlagen und Gärten. Die Eibe hat ihre natürliche Verbreitung in ganz Europa, ist aber selten geworden, da sie früher ihres Holzes wegen in vielen Gegenden fast ausgerottet wurde.

Nadeln und Samen der Eibe sind giftig.

Giftstoffe, Wirkung und Symptome: Die Nadeln und Samen enthalten das herzwirksame Alkaloid Taxin, der rote Samenmantel ist giftfrei. Die Wirkung auf das Herz ist stärker als die der Fingerhutblätter. Vergiftungserscheinungen sind Speichelfluss, die Tiere haben Schaum vor dem Maul, weiterhin starke Entzündung von Magen und Darm, Krämpfe, Durchfall oder auch Verstopfung, ferner Blasenentzündung, verbunden mit zuerst starkem, später vermindertem Harndrang, Taumeln, Herz- und Kreislaufkollaps und Atemlähmung. Eine Verwechslung der Eibe mit Nadelbäumen ist möglich. Eibenschnitt darf unter keinen Umständen auf Pferdeweiden entsorgt werden, was leider immer wieder vorkommt.

Gefährliche Menge: Die tödliche Dosis aufgenommener Eibennadeln liegt für Pferde bei 100 bis 200 Gramm. Der Tod kann bereits nach fünf Minuten eintreten.

Gemeiner Liguster

⊕⊕⊕

Ligustrum vulgare

Ölbaumgewächse

Bestimmungsmerkmale: Die weißen Blüten des Gemeinen Ligusters haben vier Blütenblätter und stehen in dichten Rispen. Sie verströmen einen unangenehmen Geruch und erscheinen von Juni bis Juli. Der Strauch wird 1,5 bis 3 Meter hoch und trägt eiförmig lanzettliche Blätter, die sich gegenüberstehen. Die Blattpaare sitzen kreuzförmig zueinander. Die Pflanze entwickelt ab September ihre schwarzen, erbsengroßen Beeren, die man auch noch im Winter am Strauch findet.

Standort und Verbreitung: Die Pflanze wächst an Waldrändern und Gebüschen, sie ist wärme- und kalkliebend. Am bekanntesten ist der Gemeine Liguster als Gartenstrauch und Begrenzungshecke.

Giftstoffe, Wirkung und Symptome: Die Giftstoffe im Liguster sind Seco-Iridoid-Bitterstoffe. Eine Vergiftung beim Pferd zeigt sich durch Krämpfe im Magen-Darm-Bereich, die Tiere fangen an zu taumeln, haben gerötete Schleimhäute und ihre Pupillen sind erweitert. Es kann zu einer Lähmung der Hinterhand und zu Gleichgewichtsstörungen kommen. Die Tiere leiden auch unter Herzrasen.

Gefährliche Menge: 100 bis 150 Gramm gelten als tödlich.

Der Liguster ist eine beliebte Begrenzungshecke in Gärten.

Goldregen

Laburnum anagyroides
Schmetterlingsblütengewächse

Bestimmungsmerkmale: Der Goldregen wächst als Strauch und erreicht eine Höhe von 5 bis 6 Metern, mitunter wird er auch über 15 Meter hoch. Seine gelben Schmetterlingsblüten sind etwa 2 Zentimeter groß und hängen in etwa 30 Zentimeter langen Trauben. Die Blütezeit ist von Mai bis Juni.

Die Blätter sind dreiteilig gefiedert, die Einzelblättchen haben eine längliche, elliptische Form und ähneln Kleeblättern. Die dunkelbraunen bis schwarzen Samen entwickeln sich in einer grünen, bohnenähnlichen Fruchthülse, die etwa 6 bis 8 Zentimeter lang wird, sich aber später braun verfärbt. Der Goldregen trägt keine Dornen.

Wunderschön, aber tödlich giftig: der Goldregen.

Standort und Verbreitung: Die Pflanze hat ihre natürliche Verbreitung in Süd- und Südosteuropa. Bei uns wächst der Strauch fast ausschließlich angepflanzt in Gärten und Parks. Dort findet man oft Bastarde des Goldregens. Er bevorzugt lockeren, kalkhaltigen Boden.

Giftstoffe, Wirkung und Symptome: Die Pflanze enthält das Alkaloid Cytisin, was ähnlich wie Nikotin wirkt, ferner Laburamin, Laburnin und N-Methylcytisin. Die gesamte Pflanze ist giftig; die höchste Konzentration an Giftstoffen findet sich im Spätherbst in den ausgereiften Samen. Auch im getrockneten Zustand bleiben die Wirkstoffe erhalten.

Die Symptome einer Goldregenvergiftung sind Schweißausbruch, Erregung, danach Dämpfung, die Tiere zittern und atmen schwer. Weiterhin kommt es zum Anstieg des Blutdrucks und schnellerem Puls. Die Tiere leiden unter Gleichgewichtsstörungen, Krämpfen, Muskelzucken und Magen-Darm-Beschwerden. Der Tod tritt durch Atemlähmung ein.

Gefährliche Menge: Als tödlich gilt eine Menge von 250 bis 300 Gramm der Samen.

Buchsbaum ⊕⊕⊕

Buxus sempervirens
Buchsbaumgewächse

Bestimmungsmerkmale: Der Buchsbaum wächst als Strauch oder auch als Baum und wird bis zu 4 Meter hoch. Die kleinen gelben Blüten sitzen zu mehreren in den Blattachseln. Ihre Blütezeit ist von März bis Mai. Die Laubblätter des Buchsbaums sind immergrün, stehen sich gegenüber, sind ledrig und eiförmig.

Standort und Verbreitung: Der Buchsbaum ist wild sehr selten zu finden. Er gedeiht an Hängen und in lichten Wäldern. In Deutschland findet man den Strauch im Rhein-Mosel-Gebiet sowie in Teilen des Schwarzwalds. Viel häufiger allerdings trifft man ihn als Zierstrauch in Gärten, Parks und auf Friedhöfen in verschiedenen Variationen an.

Giftstoffe, Wirkung und Symptome: Alle Teile der Pflanze, vor allem aber die Blüten und die junge Rinde, enthalten Alkaloide, unter anderem das Buxin. Die Symptome sind Durchfall (teils blutig), Magenschmerzen, Störungen im Bewegungsablauf, Austrocknung, Lähmungserscheinungen, Schwindel. Der Tod tritt durch Atemlähmung ein. Eine große Gefahr besteht, wenn Buchsbaum als Dekoration bei Pferdeveranstaltungen verwendet wird, und außerdem, wenn Buchsbaumschnitt auf Weiden entsorgt wird.

Gefährliche Menge: Für Pferde sind 700 bis 900 Gramm der frischen Blätter tödlich giftig.

Der Buchsbaum ist ein beliebter Zierstrauch in Gärten.

Rotbuche

Fagus sylvatica
Buchengewächse

Bestimmungsmerkmale: Die Rotbuche wächst 10 bis 40 Meter hoch und hat eine weit ausladende Krone. Ihre Laubblätter sind eiförmig, der Rand etwas wellig. Aus den unscheinbaren Blüten reifen im Spätsommer die Bucheckern genannten Früchte heran. Es sind dreikantige braune Nüsse, die meist zu zweit in einem weich-stacheligen braunen und verholzten Fruchtbecher stecken. Im Verlauf der Reife platzt der Fruchtbecher auf.

Standort und Verbreitung: Die Rotbuche ist unser wichtigster Laubbaum. Sie wächst in Wäldern, aber auch als Straßenbaum. In den Alpen kann man den Baum bis zu einer Höhe von 1500 Metern antreffen. Die Rotbuche braucht humosen Lehmboden und viel Wasser.

Giftstoffe, Wirkung und Symptome: In den Bucheckern, aber auch im Laub und in der Rinde finden sich Giftstoffe wie Saponine und Oxalsäure. Die Giftigkeit ist allerdings verschieden stark. Unreife Bucheckern sind am gefährlichsten.

Gefahr besteht vor allem, wenn Pferde mit Bucheckern oder Ölkuchen (Rest, der beim Pressen von Bucheckern zurückbleibt) gefüttert werden. Die Symptome sind Magen-Darm-Krämpfe, Taumeln und Zittern, die Tiere sind schreckhaft, haben eine erschwerte Atmung, Lähmungserscheinungen der Hinterhand sowie Pupillenerweiterung. Der Tod ist durch Atemlähmung möglich und kann nach zwölf Stunden eintreten.

Gefährliche Menge: 300 bis 1000 Gramm gelten als tödliche Dosis.

Gut zu erkennen ist die Buche an ihren eiförmigen, am Rand etwas welligen Laubblättern.

Abendländischer Lebensbaum

Thuja occidentalis
Zypressengewächse

Bestimmungsmerkmale: Der Lebensbaum wächst bis zu 15 Meter hoch, tritt oft auch strauchartig oder mit mehreren Stämmen auf. Seine Rinde ist von graubrauner Farbe. Die schuppenförmigen Blätter sind immergrün, an ihrer Oberseite dunkler, an der Unterseite heller gefärbt. Sie riechen beim Zerreiben stark aromatisch. Die weiblichen Blüten bestehen aus 1 Zentimeter langen, erst grünen und sich später braun verfärbenden Zapfen, die männlichen sind kugelförmig. Die Blütezeit ist von April bis Mai. Die braunen Samen sind geflügelt. Ähnlich dem Abendländischen Lebensbaum sind der Morgenländische Lebensbaum *Platycladus orientalis* (= *Thuja orientalis*) und eine weitere Art mit dem Namen *Thuja plicata*.

Standort und Verbreitung: Der Lebensbaum wird bei uns als Zierstrauch in Parkanlagen, Gärten und auf Friedhöfen angepflanzt. Der Abendländische Lebensbaum kommt aus dem Osten Nordamerikas und ist bei uns am häufigsten anzutreffen. *Thuja plicata* hat seinen Ursprung im Westen Nordamerikas und der Morgenländische Lebensbaum stammt aus China und Korea.

Giftstoffe, Wirkung und Symptome: Alle drei Arten gelten als giftig und enthalten vorwiegend in den Spitzen der Zweige ätherische Öle sowie das Thujon. Schon das wiederholte Berühren der Pflanze kann zu schweren Hautentzündungen führen. Für Pferde ist der Lebensbaum äußerst gefährlich. Eine Vergiftung zeigt sich durch Blasenbildung auf den Schleimhäuten, Hautreizungen, Magen-Darm-Beschwerden und Krämpfe. Ferner kommt es zu Leberschädigung, damit verbundener Gelbfärbung der Schleimhäute und zur Schädigung der Nieren. Der Tod ist bei entsprechend starker Vergiftung möglich, wobei die tödliche Dosis nicht bekannt ist.

Gefährliche Menge: nicht bekannt

Den Lebensbaum findet man häufig als Zierstrauch in Gärten und Parks.

Engelstrompete, Trompetenbaum

Brugmansia spec.
Nachtschattengewächse

Bestimmungsmerkmale: Die Engelstrompete, auch Trompetenbaum genannt, fällt durch ihre bis zu 20 Zentimeter langen, trichterförmigen Blüten auf, die je nach Art oder Zuchtform weiß, gelb, orange oder rosarot sein können. Die Engelstrompete wächst als kleiner Baum und erreicht eine Höhe von bis zu 2 Metern. Man unterscheidet die Arten *Brugmansia suaveolens*, *B. candida* und *B. sanguinea* sowie innerhalb der Arten verschiedene Zuchtvariationen.

Standort und Verbreitung: Engelstrompeten wachsen als Zierpflanzen in Gärten und Parkanlagen. Sie werden auch gern in Blumenkübeln gehalten.

Giftstoffe, Wirkung und Symptome: Die Pflanzen enthalten (S)-Hyoscyamin und in jungen Pflanzen finden sich auch geringe Mengen Scopolamin. Die Symptome einer Engelstrompetenvergiftung sind Erregung, Pupillenerweiterung, Schluckbeschwerden, trockene Schleimhäute, Durst, Verweigerung von Futter, erhöhte Atemfrequenz und Sehstörungen. Die Pferde leiden unter Durchfall und vermehrtem Harnlassen sowie Störungen im Bewegungsablauf, Herzrhythmusstörungen und Lähmungen. Auch ist der Tod der Tiere nicht ausgeschlossen.

Gefährliche Menge: nicht bekannt

Besonders auffallend sind die großen trichterförmigen Blüten der Engelstrompete.

Sadebaum

Juniperus sabina
Zypressengewächse

Bestimmungsmerkmale: Der Sadebaum ist ein Strauch, der gewöhnlich eine Höhe von 2 Metern erreicht. Er wächst aber auch als Baum und wird dann bis zu 12 Meter hoch. Die Pflanze bringt unscheinbare weißliche Blüten hervor, die meist am Ende der Zweige sitzen. Blütezeit ist von April bis Mai. Die Samen reifen in blauschwarzen, erbsengroßen Beerenzapfen heran. Die Blätter des Sadebaums sind im jungen Zustand nadelförmig und später schuppenartig. Die Pflanze verströmt einen starken Geruch, durch den man den Sadebaum gut von dem sehr ähnlichen Wacholder (*Juniperus communis*) unterscheiden kann. Der Sadebaum steht unter Naturschutz.

Standort und Verbreitung: Wild wächst der Sadebaum in den Gebirgen Südeuropas, und in Deutschland kommt er in Südbayern vor. Gewöhnlich findet man die Pflanze als Zierstrauch in Gärten, Parkanlagen und auf Friedhöfen.

Giftstoffe, Wirkung und Symptome: Besonders die Spitzen der Zweige enthalten ätherische Öle und das stark giftige Sabinen. Pferde vertragen den Sadebaum besser als andere Tiere. Eine Vergiftung zeigt sich in Reizungen der Haut, in Magen-Darm-Beschwerden mit Krämpfen, Blähungen und Durchfall. Es kommt zu Nierenentzündungen und Lähmungen.

Gefährliche Menge: Eine aufgenommene Menge ab 360 Gramm gilt als toxisch für Pferde.

Der Sadebaum kann als 2 Meter hoher Strauch, aber auch als bis zu 12 Meter hoher Baum vorkommen.

Robinie

⊕⊕⊕

Robinia pseudoacacia

Schmetterlingsblütengewächse

Bestimmungsmerkmale: Die Robinie wächst als Baum, wird bis zu 25 Meter hoch und erreicht einen Stammdurchmesser von bis zu 1 Meter. Die weißen, manchmal auch gelblichen oder rosa Blüten hängen in dichten Trauben und verströmen einen starken Duft. Die Blütezeit ist von Mai bis Juni. Im Herbst entwickeln sich dann die Samen in rotbraunen Hülsen, die mitunter bis zum nächsten Frühjahr am Baum hängen bleiben. Die gefiederten Blätter bestehen aus 9 bis 19 eiförmigen Einzelblättchen und werden bis zu 30 Zentimeter lang. Die Robinie trägt Dornen.

Standort und Verbreitung: Die Pflanze stammt aus Nordamerika und hat sich in West- und Südeuropa verbreitet. Als Zier- und Alleebaum angepflanzt, findet man sie verwildert an Bahndämmen, in Gebüschen und trockenen Wäldern. Die Robinie wird auch in Gärten angepflanzt.

Giftstoffe, Wirkung und Symptome: Die Pflanze enthält vorwiegend in ihrer Rinde, aber auch in den Früchten giftige Eiweiße, sogenannte Toxalbumine. Der Geschmack der Rinde ist obendrein noch süßlich, weshalb sie von Pferden eher nicht gemieden wird. Vergiftungssymptome sind Speichelfluss, erhöhte Atemfrequenz, Erregung und danach Teilnahmslosigkeit. Weiterhin erhöhter Puls und erweiterte Pupillen, die Pferde wandern umher und ihre Schleimhäute werden gelb. Außerdem leiden sie unter Magen-Darm-Entzündung mit Krämpfen. Störungen des Gleichgewichts, krampfartiges Zucken, Schädigung von Leber und Nieren, Harndrang und auch Blindheit können eintreten. Bei langsamem Vergiftungsverlauf kann es zu Hufrehe kommen. Aus dem Zweiten Weltkrieg liegt ein Bericht vor, dass 32 von 120 Pferden in einer Nacht gestorben sind, nachdem sie an Robinienholz geknabbert haben, aus dem die Stallungen gebaut waren. Die ersten Tiere waren bereits nach vier Stunden tot.

Gefährliche Menge: 150 Gramm Rinde und/ oder Früchte gelten als tödliche Menge für Pferde, aber bereits die Hälfte davon verur sacht erste Vergiftungssymptome. Auch andere Pflanzenteile sind gefährlich.

Die Robinie erkennt man leicht an den gefiederten Blättern, die aus bis zu 19 Einzelblättchen bestehen.

Pfaffenhütchen

Euonymus europaea
Spindelbaumgewächse

Bestimmungsmerkmale: Das Pfaffenhütchen wächst als Strauch und kann bis zu 6 Meter hoch werden. Die weißlich bis grünlichen Blüten haben vier Blütenblätter und erscheinen im Mai bis Juni. Die Samen der Pflanze entwickeln sich in orangeroten, vierlappigen Kapseln. Diese Kapseln springen nach der Fruchtreife auf und lassen die einzelnen Samen an Fäden heraushängen. Die 4 bis 5 Zentimeter langen Laubblätter sind eiförmig lanzettlich und die jungen Zweige vierkantig.

Standort und Verbreitung: Das Pfaffenhütchen wächst in Wäldern und Gebüschen. Die Pflanze benötigt feuchten Lehmboden. Ihr Verbreitungsgebiet ist fast ganz Europa.

Von Mai bis Juni ist das Pfaffenhütchen gut an seinen kleinen, vierblättrigen Blüten zu erkennen.

Giftstoffe, Wirkung und Symptome: Alle Teile der Pflanze, vor allem jedoch die Samen, enthalten das Alkaloid Evonin sowie Evonosid, Evomonosid und Evobiosid. Vergiftungssymptome sind Ansteigen der Körpertemperatur, Kreislaufstörungen, Kurzatmigkeit, Magen-Darm-Beschwerden mit Durchfall oder chronischer Verstofung, Bauchfellentzündung, Krämpfe und Herzrasen; der Tod ist durch Herzlähmung innerhalb weniger Tage möglich. Als Spätschäden sind Nieren- und Leberschäden nicht auszuschließen. Bei Stuten kann es zu einer Fehlgeburt kommen.

Gefährliche Menge: Beim Pferd nicht bekannt; vermutlich reichen geringe Pflanzenmengen, um erste Vergiftungsanzeichen hervorzurufen.

Der giftige Eschenahorn kommt aus den USA und wir bei uns als Zierbaum angepflanzt.

Eschenahorn (und andere Arten) ✚✚ bis ✚✚✚

Acer negundo

Seifenbaumgewächse

Bestimmungsmerkmale: Eschenahorn sowie andere Ahornarten wachsen als Bäume und werden 20 bis 25 Meter hoch. Die Blätter sind gegenständig und mehrfach gelappt oder gefiedert. Im Herbst fallen Ahornarten oft durch ihre leuchtend gelb-roten Blätter auf. Die Früchte sind Spaltfrüchte mit zwei Flügeln, die ein wenig an einen Propeller erinnern.

Standort und Verbreitung: Eschenahorn kommt aus den USA und wächst bei uns als Zierbaum in Gärten und Parks, seltener auch in Wäldern. Bei uns verbreitet sind außerdem der Bergahorn, den man in Gebirgswäldern und auf Almen, aber auch im Tiefland findet, sowie der häufige Feldahorn, der in Wäldern und an Hecken wächst.

Giftstoffe, Wirkung und Symptome: Auf jeden Fall enthalten die Samen, aber wohl auch die Blätter und Keimlinge des Eschenahorns Hypoglycin A. Der Stoff ist auch im Bergahorn enthalten, im Feldahorn nach aktuellem Kenntnisstand wahrscheinlich nicht. Der Giftstoff entsteht durch Abbau einer Aminosäure im Darm. Eine Vergiftung zeigt sich durch Muskelschwäche und Muskelveränderungen. Muskeln können sich zurückbilden, es kann zu Verhärtungen kommen sowie zu Muskel- und Sehnenschmerzen. Der Fachbegriff für dieses Krankheitsbild ist Weidemyopathie. Eine Vergiftung beginnt meist mit Schwitzen, Koliken und Muskelzittern, Hängenlassen des Kopfes und schwankendem Gang. Die betroffenen Tiere haben auch Schwierigkeiten zu kauen und zu schlucken. Der Urin ist braun bis schwarz verfärbt. Möglicherweise gehen Vergiftungen mit Bewegungsmangel einher. Es hat bereits eine ganze Reihe von Todesfällen gegeben. Die höchste Gefahr für Vergiftungen bestehen in den Monaten Oktober bis Dezember sowie im Frühjahr, wenn Ahornkeimlinge wachsen.

Foto: Ursula Tinner

Hier die Blätter des sehr wahrscheinlich ebenfalls giftigen Bergahorns.

Gefährliche Menge: Eine Vergiftung zeigt sich ab einer Aufnahme von 165 bis 8000 Samen (ein Baum trägt circa 500 000 Samen). In den USA zeigten Pferde nach der Aufnahme von mindestens 500 Gramm Rotahornlaub Vergiftungssymptome, nämlich Blutarmut, Gelbsucht und verfärbte Schleimhäute.

Kirschlorbeer ✚✚✚

Prunus laurocerasus
Rosengewächse

Bestimmungsmerkmale: Der Kirschlorbeer wächst als Strauch 2 bis 4 Meter hoch. Er hat weiße, 8 Millimeter große, duftende Blüten, die in etwa 12 Zentimeter langen Trauben stehen. Die Blütezeit ist von April bis Mai, mitunter auch noch mal im September. Von August bis September entwickelt der Strauch seine fleischigen, ovalen (kirschähnlichen) Steinfrüchte, die zuerst grün sind und sich später schwarz verfärben. Die dunkelgrünen Blätter des Kirschlorbeers sind ledrig und glänzend. Sie haben eine länglich ovale (lorbeerähnliche) Form und werden 8 bis 15 Zentimeter lang. Sie sind wintergrün und riechen beim Zerreiben nach Bittermandelöl.

Standort und Verbreitung: Der Strauch ist in Westasien und Südosteuropa heimisch und wächst dort auch als Baum. Bei uns findet man ihn häufig als Zierstrauch in Gärten und Parkanlagen.

Giftstoffe, Wirkung und Symptome: Vorwiegend die Blätter und Samen des Kirschlorbeers enthalten blausäurehaltige Glycoside. Pferde reagieren auf den Kirschlorbeer nicht ganz so empfindlich wie andere Tierarten. Dennoch zeigt sich eine Vergiftung in Speichelfluss, Taumeln, Reizungen der Schleimhäute, Magen-

Die Blätter des Kirschlorbeers ähneln echten Lorbeerblättern.

Darm-Störungen, Erregung sowie Atem- und Kreislaufproblemen. Fressen Pferde allerdings innerhalb einer kurzen Zeit eine größere Menge Kirschlorbeer und kauen die Pflanzenteile obendrein noch gut durch, können die freigesetzten Blausäure-Glycoside den Tod bewirken, was schon vorgekommen ist.

Gefährliche Menge: Nicht bekannt, vermutlich ist aber eine gut durchgekaute Menge von 5 Kilo tödlich, möglicherweise auch weniger.

Stieleiche ✚✚

Quercus robur

Buchengewächse

Bestimmungsmerkmale: Die Eiche wächst 20 bis 50 Meter hoch und trägt weit ausladende, knorrige Äste. Ihre Blüten sind grünlich, aus ihnen reifen dann die Eicheln heran, die in einem Fruchtbecher sitzen. Die Laubblätter sind auffällig fiederlappig gebuchtet. Große Ähnlichkeiten mit der Stieleiche hat die Traubeneiche (*Quercus petraea*). Weitere Arten sind die Roteiche (*Quercus rubra*), die Flaumeiche (*Quercus pubescens*) sowie die Zerreiche (*Quercus cerris*). Die Stieleiche kann bis zu 1300 Jahre alt werden.

Standort und Verbreitung: Eichen findet man sehr häufig, sie wachsen in Wäldern sowie als Straßenbäume, in Gärten und Parkanlagen. In den Alpen gedeihen sie bis zu einer Höhe von 1000 Metern. Die Eiche wächst auf Lehmböden.

Giftstoffe, Wirkung und Symptome: Eiche enthält den Wirkstoff Tannin. Eicheln, Eichenlaub und Rinde sind für Pferde giftig. Die Symptome einer Vergiftung sind Fressunlust, apathisches Verhalten, Schwäche, Verstopfung, blutiger Durchfall und blutiger Urin. Bedingt durch Leberschädigung kommt es zu Gelbsucht und Gelbfärbung der Schleimhäute. Nierenversagen ist möglich.

Gefährliche Menge: nicht bekannt

Rinde, Blätter und Früchte der Eiche sind für Pferde giftig.

Rosskastanie

Aesculus hippocastanum
Seifenbaumgewächse

Bestimmungsmerkmale: Die Rosskastanie wächst als Baum und erreicht Höhen von 10 bis 20 Metern. Ihre weißen Blüten stehen in einer pyramidenförmigen Rispe und haben rote Flecken. Die Blütezeit ist von April bis Mai. Die braunen Samen nennen wir Kastanien, sie stecken in einer stacheligen grünen Frucht, die zur Reifezeit aufplatzt. Rosskastanienblätter sind fingerförmig und werden bis zu 20 Zentimeter lang. Ein ähnlicher Baum ist die Rotblühende Rosskastanie (*Aesculus pavia*).

Typisch für die Rosskastanie sind die pyramidenförmigen Blütenrispen und die langen, fingerförmigen Blätter.

Standort und Verbreitung: Man findet den Baum in ganz Europa. Er wird bei uns als Straßen- und Parkbaum angepflanzt. Vielfach wächst er auch verwildert.

Giftstoffe, Wirkung und Symptome: Die unreifen Samen sowie die grüne Schale enthalten Saponine, ferner finden sich in der Rosskastanie verschiedene Glycoside. Die Symptome einer Vergiftung sind Pupillenerweiterung, starker Durst, die Tiere werden unruhig und leiden unter Magen- und Darmkrämpfen mit Durchfall, Muskelzucken und Benommenheit. Der Tod ist bei starker Vergiftung bei Pferden nicht ausgeschlossen.

Gefährliche Menge: nicht bekannt

Besenginster

Cytisus scoparius
Schmetterlingsblütengewächse

Bestimmungsmerkmale: Der Besenginster ist ein Strauch von 50 bis 200 Zentimetern Höhe. Er trägt seine goldgelben Schmetterlingsblüten einzeln oder zu zweit in den Achseln der Blätter. Die Blüten fallen durch ihren eingerollten Griffel auf. Die dunkelbraunen Samen reifen in einer 3 bis 5 Zentimeter langen, schwarzbraunen Hülse heran. Die grünen Stängel des Besenginsters sind vier- bis fünfkantig und gerillt, die Blätter unten dreiteilig gefingert und oben ungeteilt.

Erwähnen möchten wir hier noch den Deutschen Ginster (*Genista germanica*), den Färber-Ginster (*Genista tinctoria*) sowie den Stechginster (*Ulex europaeus*), die Ähnlichkeiten mit dem Besenginster aufweisen und auch als giftig gelten. Es gibt auch Zuchtformen des Ginsters mit roten Blüten.

Standort und Verbreitung: Der Besenginster wächst vorwiegend auf Sandböden, auf Heiden, an Wegen und Kahlschlägen. Sein Verbreitungsgebiet ist Mitteleuropa. Man findet ihn bis Südskandinavien sowie bis Polen und Rumänien. Verschiedene Arten und Züchtungen wachsen als Ziersträucher in Gärten.

Giftstoffe, Wirkung und Symptome: Besenginster enthält das Alkaloid Spartein; der Wirkstoff findet sich vorwiegend in den Samen und Blättern und gilt als stark giftig. Vergif-

Der Besenginster hat grüne Stängel, kleine Blättchen und zur Blütezeit zahlreiche goldgelbe Blüten.

tungssymptome sind erhöhter Speichelfluss, Unruhe, Erregung und allgemeine Schwäche. Die Tiere haben Kreislaufprobleme und Herzrasen, weiterhin kommt es zu Durchfall, Verstopfungen bis zum Darmverschluss, Lähmungen und Bewusstlosigkeit. Bei entsprechend starker Vergiftung treten Krämpfe auf, die bis zur Atemlähmung führen können. Bei trächtigen Stuten können sich Wehen einstellen.

Gefährliche Menge: nicht bekannt

Rhododendron

Rhododendron spec.
Heidekrautgewächse

Bestimmungsmerkmale: Typisch für alle Rhododendron-Arten ist ihre lorbeerähnliche Blattform. Die Sträucher erreichen in unseren Breiten eine Höhe von bis zu 5 Metern und haben je nach Zuchtform ganz unterschiedliche Blütenfarben und -formen. Die Sträucher gibt es mit weißen, gelben, blauen, violetten, rosa und roten Blüten. Die Blätter sind immergrün und gewöhnlich länglich oval. An ihren natürlichen Standorten werden die Pflanzen bis zu 12 Meter hoch.

Standort und Verbreitung: Es gibt circa 1000 Arten und wesentlich mehr Züchtungen. Die meisten wachsen in China, in Tibet und im asiatischen Dschungel. Rund 20 Arten sind in Nordamerika zu finden. Bei uns ist Rhododendron eine beliebte Gartenpflanze.

Giftstoffe, Wirkung und Symptome: Die Pflanzen enthalten das Gift Acetylandromedol. Eine Vergiftung äußert sich durch Speichelfluss, Magen-Darm-Entzündung, Krämpfe. Am Ende kommt es zu Lähmungen, der Tod kann durch Atemlähmung eintreten.

Gefährliche Menge: Beim Pferd nicht bekannt. Rinder verenden gewöhnlich bei Aufnahme einer Pflanzenmenge, die 0,2 bis 0,6 Prozent ihres Körpergewichts entspricht.

Den immergrünen Rhododendron gibt es in diversen Zuchtformen und verschiedenen Blütenfarben.

Die immergrüne Rostblättrige Alpenrose ist, wie der Name schon sagt, in den Alpen zu finden.

Rostblättrige Alpenrose ⊕ bis ⊕⊕

Rhododendron ferrugineum
Heidekrautgewächse

Bestimmungsmerkmale: Die Rostblättrige Alpenrose ist ein niedriger Strauch von 30 bis 150 Zentimetern Höhe. Von Mai bis August trägt sie leuchtend rote Blütendolden, die aus sechs bis zehn einzelnen Blüten bestehen. Die fünfblättrigen Blüten haben eine glockige Form. Die Laubblätter sind immergrün, ledrig und an den Rändern umgerollt, aber nicht behaart. Ihre Form ist oval bis lanzettlich. Sie zeigen an ihrer Unterseite erst gelbgrüne, dann rostbraune Drüsenschuppen. Ähnlich ist die Bewimperte Alpenrose (*Rhododendron hirsutum*), auch Behaarter Almrausch genannt. Diese Art hat im Gegensatz zur Rostblättrigen Alpenrose an den Blatträndern Wimpernhaare und ist ungiftig.

Standort und Verbreitung: Der Strauch wächst als Unterholz in lichten Wäldern der Alpen in 1500 bis 2700 Metern Höhe.

Giftstoffe, Wirkung und Symptome: Die Pflanze enthält Acetylandromedol. Die Symptome einer Vergiftung sind Speichelfluss, Koliken, Durchfall, Magen-Darm-Entzündung. Die Tiere leiden unter Lähmungen und haben eine eingeschränkte Atmung. Tod durch Atemlähmung ist bei entsprechend starker Vergiftung nicht ausgeschlossen.

Gefährliche Menge: nicht bekannt

Stechpalme ⊕

Ilex aquifolium
Stechpalmengewächse

Bestimmungsmerkmale: Die Stechpalme wächst als Strauch, aber auch als Baum und wird bis zu 10 Meter hoch. Sie trägt immergrüne, glänzende Blätter, die dornig gezähnt und eiförmig sind. An älteren Bäumen findet man auch ganzrandige Blätter. Die weißen Blüten stehen zu mehreren in den Blattachseln. Sie

Die immergrünen Blätter der Stechpalme können dornig gezähnt oder eiförmig sein.

haben vier Blütenblätter und erscheinen von Mai bis Juni. Im Herbst entwickeln sich dann die roten Beeren. Die Stechpalme kann bis zu 300 Jahre alt werden.

Standort und Verbreitung: Die Stechpalme wächst vorwiegend in Buchen- und Fichtenwäldern auf feuchtem, kalkarmem Boden. Ihr natürliches Verbreitungsgebiet ist vor allem Süd- und Westeuropa. Angepflanzt findet man den Strauch in Parks und in Gärten.

Giftstoffe, Wirkung und Symptome: Blätter und Beeren enthalten Urolsäure und Polyphenole. Vergiftungssymptome beim Pferd sind Schläfrigkeit sowie Magen-Darm-Beschwerden mit Durchfall. Für andere Tiere, etwa für Hunde, kann die Stechpalme tödlich sein.

Weitere, für Pferde nur leicht giftige oder seltene Giftpflanzen in dieser Kategorie:

Lorbeerrose ✚✚
(Kalmia angustifolia)

Die Pflanze ist bei uns selten.

Berberitze (Berberis spec.) ✚

Bei Aufnahme größerer Mengen ist eine Nierenschädigung möglich.

Schneebeere
(Symphoricarpos albus)

Die Pflanze ist weit verbreitet.

Korallenbeere
(Symphoricarpos orbiculatus)

Eine Verwandte der Schneebeere.

Blasenstrauch
(Colutea arborescens)

Essigbaum (Rhus typhina)

Ein beliebter Zierbaum in Gärten.

Schneeball (Viburnum spec.) ⊕

Bei Aufnahme größerer Mengen sind Schleimhautreizungen sowie Magen- und Darmbeschwerden möglich.

Rote Heckenkirsche (Lonicera xylosteum) ⊕

Bei Aufnahme größerer Mengen sind Kreislaufbeschwerden möglich.

Eberesche, Vogelbeere (Sorbus aucuparia) ⊕

Diese Pflanze ist bei uns weit verbreitet.

Faulbaum (Frangula alnus) ⊕

Magen- und Darmbeschwerden sind möglich.

Bestimmung von Pflanzen anhand ihrer Früchte

Die folgende Tabelle soll Ihnen helfen, eine Pflanze auch dann zu bestimmen, wenn sie nicht mehr blüht, sondern Früchte trägt. Früchte haben oft etwas Verlockendes für Kinder, aber auch für Tiere. Pferde interessieren sich zum Beispiel oft für rote Früchte, von denen besonders viele giftig sind. Bitte beachten Sie, dass Früchte im Reifeverlauf ihre Farbe ändern. Bis auf Ausnahmen sind unreife Früchte grün.

Fruchtfarbe ROT

*Eibe (*Taxus baccata*)*
siehe Seite 96

Gemeiner Seidelbast
*(*Daphne mezereum*)*
siehe Seite 94

Pfaffenhütchen
*(*Euonymus europaea*)*
siehe Seite 103

Aronstab
*(*Arum maculatum*)*
siehe Seite 86

Waldgeißblatt
*(*Lonicera periclymenum*)*
siehe Seiten 40 und 61

Echtes Geißblatt
*(*Lonicera caprifolium*)*
siehe Seite 73

Drachenwurz/Schlangenwurz
*(*Calla palustris*)*
siehe Seite 31

Fruchtfarbe ROT

*Essigbaum (*Rhus typhina*). Die eigentlich braunen Steinfrüchte sind von den Haaren des Kolbens umgeben.*
siehe Seite 111

*Faulbaum, unreif (*Frangula alnus*)*
siehe Seite 112

*Heckenkirsche, Rote (*Lonicera xylosteum*)*
siehe Seite 112

*Schneeball (*Viburnum spec.*)*
siehe Seite 112

*Berberitze, Thunbergs (*Berberis thunbergii*)*
siehe Seite 110

*Berberitze, Gemeine (*Berberis vulgaris*)*
siehe Seite 110

*Stechpalme (*Ilex aquifolium*)*
siehe Seite 109

*Korallenbeere (*Symphoricarpos orbiculatus*)*
siehe Seite 111

*Blasenstrauch (*Colutea arborescens*)*
siehe Seite 111

Fruchtfarbe SCHWARZ

Kirschlorbeer
*(*Prunus laurocerasus*)*
siehe Seite 105

Gemeiner Liguster
*(*Ligustrum vulgare*)*
siehe Seite 96

Einbeere
*(*Paris quadrifolia*)*
siehe Seite 88

*Efeu (*Hedera helix*)*
siehe Seite 87

Faulbaum
*(*Frangula alnus*)*
siehe Seite 112

Schneeball
*(*Viburnum spec.*)*
siehe Seite 112

Fruchtfarbe BRAUN

Abendländischer Lebensbaum
*(*Thuja occidentalis*)*
siehe Seite 100

Stechapfel
*(*Datura stramonium*)*
siehe Seite 26

Goldregen
*(*Laburnum anagyroides*)*
siehe Seite 97

Fruchtfarbe BRAUN

Stieleiche
(Quercus robur)
siehe Seite 106

Rosskastanie
(Aesculus hippocastanum)
siehe Seite 107

Rotbuche
(Fagus sylvatica)
siehe Seite 99

Fruchtfarbe GRÜN

Robinie
(Robinia pseudoacacia)
siehe Seite 102

Engelstrompete
(Brugmansia spec.)
siehe Seite 101

Rosskastanie
(Aesculus hippocastanum)
siehe Seite 107

Feuerbohne
(Phaseolus coccineus)
siehe Seite 71

Tomate
(Lycopersicum esculentum)
siehe Seite 53

Stechapfel
(Datura stramonium)
siehe Seite 26

Fruchtfarbe GRÜN

Kartoffel , unreif
(Solanum tuberosum)
siehe Seiten 29 und 77

Eschenahorn
(Acer negundo)
siehe Seite 104

Fruchtfarbe BLAU

Sadebaum
(Juniperus sabina)
siehe Seite 101

Weißwurz
(Polygonatum multiflorum)
siehe Seite 36

Fruchtfarbe ORANGE

Eberesche
(Sorbus aucuparia)
siehe Seite 112

Fruchtfarbe WEISS

Mistel
(Viscum album)
siehe Seite 53

Schneebeere
(Symphoricarpos albus)
siehe Seite 111

Ungiftige heimische Sträucher und Bäume

Obstbäume eignen sich gut als Schattenspender für Weiden.

Sträucher und Bäume sind wichtig für die Begrünung von Reitanlagen und Reiterhöfen. Sie sind Lebensraum für Vögel und andere Tiere, sie geben Nahrung und Schutz und sind Schattenspender auf der Weide. Es ist daher überhaupt nicht ratsam, aus Angst vor giftigen Pflanzen gänzlich auf eine Begrünung zu verzichten – es müssen einfach nur die richtigen, nämlich ungiftigen, Pflanzen sein.

Wir haben hier eine Liste ungiftiger Sträucher und Bäume zusammengestellt, aus der Sie die auswählen können, die am besten für Ihre Zwecke geeignet sind.

Die Ordnung haben wir alphabetisch nach den deutschen Namen gewählt.

Name	**Blütenfarbe**	**Bemerkung**
Apfel (*Malus × domestica*)	Weiß, Rosa	Baum, Früchte essbar
Apfelbeere (*Aronia spec.*)	Weiß	Strauch, blaue/schwarze Früchte essbar
Birke (*Betula spec.*)	Gelb	Baum
Birne (*Pyrus communis*)	Weiß	Baum, Früchte essbar
Birne, Wild- (*Pyrus pyraster*)	Weiß	Baum
Blumen-Esche (*Fraxinus ornus*)	Weiß	Baum
Brombeere (*Rubus fruticosus*)	Weiß	Strauch, schwarze Früchte essbar
Dünen-Rose (*Rosa pimpinellifolia*)	Weiß	Strauch mit Dornen, schwarze Früchte
Erle (*Alnus spec.*)	Braun	Baum
Esche, Gewöhnliche (*Fraxinus excelsior*)	Rot	Baum
Felsenbirne (*Amelanchier spec.*)	Weiß	Strauch, kleiner Baum, blaue Früchte
Hagebutten (*Rosa canina*)	Weiß, Rosa	Strauch mit Dornen, rote und schwarze Früchte
Hainbuche (*Carpinus spec.*)	Grün	Baum
Hartriegel (*Cornus spec.*)	meist Weiß	Verschiedene Sträucher
Haselnuss (*Corylus avellana*)	Gelb	Strauch, essbare Früchte
Himbeere (*Rubus idaeus*)	Weiß	Strauch, rote Früchte essbar
Holunder, Schwarzer (*Sambucus nigra*)	Weiß	Strauch, kleiner Baum, schwarze Früchte essbar
Johannisbeere, Rote (*Ribes rubrum*)	Gelb	Strauch, rote und weiße Früchte essbar

Name	**Blütenfarbe**	**Bemerkung**
Johannisbeere, Schwarze (*Ribes nigrum*)	Grünlich	Strauch, schwarze Früchte essbar
Kartoffelrose (*Rosa rugosa*)	Rot	Strauch mit Dornen, rote Früchte
Kastanie, Ess- (*Castanea sativa*)	Grünlich	Baum, Früchte essbar
Kastanie, Rote (*Aesculus × carnea*)	Rot	Baum
Kirsche (*Prunus avium*)	Weiß	Baum, Früchte essbar
Kornelkirsche (*Cornus mas*)	Gelb	Strauch, braune Früchte essbar
Lärche (*Larix decidua*)	Gelb, Rot	Nadelbaum
Linde (*Tilia spec.*)	Gelb	Baum
Mehlbeere (*Sorbus aria*)	Weiß	Kleiner Baum, rote Früchte
Mirabelle (*Prunus domestica var. syriaca*)	Weiß	Baum, gelbe Früchte essbar
Pappel (*Populus spec.*)	Rot, Grün	Baum
Pflaume (*Prunus domestica*)	Weiß	Baum, Früchte essbar
Platane (*Platanus acerifolia*)	Grün	Baum
Sanddorn (*Hyppophae rhamnoides*)	Braun	Strauch mit Dornen, orange Früchte, essbar
Schlehe (*Prunus spinosa*)	Weiß	Strauch, blaue Früchte, Dornen
Sommerflieder (*Buddleja spec.*)	Blau, Lila	Strauch, zieht Schmetterlinge an
Stachelbeere (*Ribes uva-crispa*)	Grünlich	Strauch, grüne Früchte essbar
Traubenkirsche (*Prunus padus, Prunus serotina*)	Weiß	Strauch/Baum braune Früchte
Ulme (*Ulmus spec.*)	Grün	Baum
Weide (*Salix*)	Gelb, Grün	Baum, Pferde fressen mitunter die Rinde, wenn sie Schmerzen haben
Weißdorn (*Crataegus spec.*)	Weiß	Strauch mit Dornen, rote Früchte
Zierapfel (Malus spec.)	Weiß, Rot	Baum, rote und gelbe Früchte

Schlussbemerkungen

Liebe Pferdehalterinnen und Pferdehalter, wir hoffen, dass Sie mit diesem Buch etwas mehr über Giftpflanzen erfahren konnten, es Ihnen immer wieder zum Nachschlagen dienen wird und so zur Gesundheit Ihrer Pferde beiträgt. Wichtig ist uns, nicht nur über gefährliche Pflanzen aufzuklären, sondern noch mal darauf hinzuweisen, dass auch artgerechte Haltung, Weidepflege und gesundes Futter notwendig sind, damit sich „der Freund des Menschen" wohlfühlt und gesund bleibt. Pferde sind von uns abhängig und wir tragen für sie eine große Verantwortung. Dies sollte jedem klar sein. Wir wollen nicht schulmeistern, sind aber der Meinung, jede und jeder sollte immer wieder darüber nachdenken, ob alles für die eigenen Pferde in Ordnung ist oder ob man etwas verbessern kann.

Aufmerksam machen möchten wir Sie noch auf unsere Website www.botanikus.de. Hier können Sie sich Pflanzenfotos deutlich größer ansehen, als es in einem Buch möglich wäre; dies kann bei der Pflanzenbestimmung sehr hilfreich sein. Zudem finden Sie hier Informationen zu Giftpflanzen für andere Tierarten und natürlich für den Menschen.

Abschließen möchten wir das Buch mit dem „Gebet eines Pferdes":

Gib mir zu fressen, gib mir zu trinken
und sorg für mich,
und wenn des Tages Arbeit getan ist,
gib mir ein Obdach,
ein sauberes Lager und einen nicht zu kleinen
Platz im Stall.
Rede mit mir, denn oft ersetzt mir deine Stimme
die Zügel.
Sei gut zu mir und ich werde dir noch freudiger
dienen und dich gern haben.
Reiß nicht an den Zügeln, greif nicht
zur Peitsche, wenn es aufwärtsgeht.
Schlage und stoße mich nicht, wenn ich dich
missverstehe, sondern gib mir die Zeit, dich
zu verstehen.
Halte mich nicht für ungehorsam, wenn ich
deinen Willen nicht erfülle, vielleicht sind
Sattelzeug und Hufe nicht in Ordnung.
Prüfe meine Zähne, wenn ich nicht fressen
mag, vielleicht tut mir ein Zahn weh, du weißt,
wie das schmerzt.
Halftere mich nicht zu kurz und kupiere
meinen Schweif nicht,
er ist die einzige Waffe gegen Fliegen.
Und wenn es zu Ende geht, geliebter Herr,
wenn ich dir nicht mehr zu nutzen vermag,
lasse mich bitte nicht hungern und frieren
und verkaufe mich nicht.
Gib mich nicht an einen anderen Herrn,
der mich langsam zu Tode quält und mich verhungern lässt, sondern sei so gut und bereite
mir einen schnellen, barmherzigen Tod.
Gott wird es dir lohnen, hier und in Ewigkeit.
Lass mich dies von dir erbitten und glaube
nicht, dass es mir an Ehrfurcht gebricht,
wenn ich es in seinem Namen tue, der in einem
Stall geboren ist.

Aus einem alten englischen Stall

Marina und Uwe Lochstampfer.

Anhang

Quellen

Aichele, Dietmar/Spohn, Margot: *Was blüht denn da?* Stuttgart: Kosmos Verlag, 1994

Aichele, Dietmar/Schwegler, Hans-Werner: *Die Blütenpflanzen Mitteleuropas.* 5 Bände. Stuttgart: Kosmos Verlag, 1994

Dülffer-Schneizer, Dr. med. vet. Barbara: *Notfall-Ratgeber Pferde und Giftpflanzen.* Warendorf: FN-Verlag, 2005

Galler, Josef: *Grünland-Verunkrautung.* Graz: Leopold Stocker Verlag, 1989

Gross, Heike: *Was mein Pferd nicht fressen darf.* Schwarzenbek: Cadmos Verlag, 2005

Habermehl, Gerhard/Ziemer, Petra: *Mitteleuropäische Giftpflanzen und ihre Wirkstoffe.* Berlin: Springer Verlag, 1999

Roth, Lutz/Daunderer, Max/Kormann, Kurt: *Giftpflanzen – Pflanzengifte.* Hamburg: Nikol Verlag, 1994

Nowack, Rainer: *Notfallhandbuch Giftpflanzen.* Berlin: Springer Verlag, 1998

Vanselow, Renate/Wahrenburg, Wolfram/Teichner, Tobias/Behrens, Christiane/Gutsmiedl, Irmhild: *Pferd und Heu.* Herausgegeben von der Vereinigung für Freizeitreiter und -fahrer in Deutschland e. V. 2010

Veterinärmedizinische Universität Wien (Klinik für Pferde): *Aktuelle Informationen zur saisonalen Weidepflege 11/2012*

Internet

www.vetpharm.uzh.ch

www.giftpflanzen.com

www.wikipedia.de

www.tsk-sachsen.de/index.php/pferdegesundheit/84-bergahorn-als-ursache-fuer-die-atypische-weidemyopathie-kritische-zeit-steht-wieder-bevor

http://www.vu-wien.ac.at/fileadmin/v/z/news/2012/Information_Weidemyopathie_2012-10-22.pdf

www.landwirtschaft-mlr.baden-wuerttemberg.de

Interessante Adressen

www.botanikus.de

Nachweis für Kreuzkraut im Heu:
Landwirtschaftliche Untersuchungs- und Forschungsanstalt Speyer
Obere Langgasse 40
67346 Speyer
www.lufa-speyer.de

PLOCHER GmbH integral-technik
Torenstraße 26
88709 Meersburg
www.plocher.de

www.hippodung.com

Alphabetischer Index der Giftpflanzen